乡村振兴系列图书

食用菌优质栽培技术

张 娣 王继华 主编

U0229082

化学工业出版社

·北京·

内容简介

《食用菌优质栽培技术》包含三个模块，15 个项目。模块一走进食用菌产业，简要介绍食用菌的价值与生长过程、食用菌种类及产业发展趋势；模块二菌种生产，介绍菌种的分类、母种的生产、固体菌原种的生产、液体菌原种的生产、栽培种的生产；模块三常见食用菌优质栽培技术，详细阐述黑木耳、灵芝、猴头菇、滑菇、元蘑、平菇、大球盖菇的优质栽培技术。

书中配有视频资源，可以扫描二维码直接观看，并附有生产实用表单，方便读者掌握技术难点。力求一看就懂、一学就会，助力菌农增收致富。

本书主要供基层菌农、技术员、菌种生产者等从业人员作为培训用书，也可供广大食用菌爱好者作为参考读物。

图书在版编目（CIP）数据

食用菌优质栽培技术/张娣，王继华主编 . —北京：
化学工业出版社，2023.6
（乡村振兴系列图书）
ISBN 978-7-122-43129-5

Ⅰ.①食… Ⅱ.①张…②王… Ⅲ.①食用菌-蔬菜
园艺 Ⅳ.①S646

中国国家版本馆 CIP 数据核字（2023）第 049368 号

责任编辑：张雨璐 迟 蕾 李植峰 章梦婕 装帧设计：韩 飞
责任校对：李 爽

出版发行：化学工业出版社（北京市东城区青年湖南街 13 号 邮政编码 100011）
印 装：北京七彩京通数码快印有限公司
710mm×1000mm 1/16 印张 11¼ 字数 192 千字 2024 年 6 月北京第 1 版第 1 次印刷

购书咨询：010-64518888 售后服务：010-64518899
网 址：http://www.cip.com.cn

凡购买本书，如有缺损质量问题，本社销售中心负责调换。

定 价：32.00 元 版权所有 违者必究

《食用菌优质栽培技术》编写人员

主　　编　　张　娣　王继华

副 主 编　　王延锋　姜国胜

编 写 人 员　（按照姓名汉语拼音顺序排列）

姜国胜（黑龙江农业经济职业学院）

李东伟（朝阳汇农食用菌科技有限公司）

李　贺（绥化学院）

马有辉（牡丹江绿珠果蔬技术开发责任有限公司）

宋长军（龙江县职业教育中心学校）

王继华（哈尔滨师范大学）

王延锋（黑龙江省农业科学院牡丹江分院）

邢立伟（黑龙江农业经济职业学院）

徐敬才（穆棱市下城子镇悬羊食用菌农民专业合作社）

张　娣（黑龙江农业经济职业学院）

祝嗣臣（黑龙江坤健农业股份有限公司）

前　言

近年来，黑龙江省依托丰富的食用菌资源，大力发展食用菌产业。中国食用菌协会授予牡丹江市"中国食用菌之城"称号，国际食用菌学会授予牡丹江市"世界黑木耳之都"称号。牡丹江市的食用菌产业不仅在黑龙江省起到了很好的引领作用，而且在全国也很有知名度。其中，黑木耳小孔栽培、吊袋栽培等技术处于全国领先水平。

随着食用菌行业的迅猛发展，该行业对技术人才的需求与日俱增。菌农对食用菌栽培新技术不断探索，表现对相关知识更加渴望，希望找到一本适合在食用菌栽培过程中能够进行生产指导的参考书；同时，农业新技术培训机构也需要相适应的农民培训及新技术推广用书。食用菌栽培的种类非常多，为了提高食用菌的产量和品质，更好地推广和应用新品种、新技术、新方法，特编写了适合广大菌农阅读和使用的《食用菌优质栽培技术》一书。

本书以服务菌农、普及食用菌科学技术和知识，以及推广转化食用菌生产效益为主要目标。编写组积累了丰富的一线栽培经验，查阅大量文献，并组织了农业科技人员和业内一线专家审稿。全书紧紧围绕食用菌生产基础知识储备、菌种生产和北方常见食用菌优质栽培技术等内容，同时加入了大量视频资源（扫描书中二维码即可观看）与实用表单，力求让读者看得懂、学得会、用得上，希望为菌农更新食用菌栽培新技术、增收致富、推动发展优质菌菇生产。为使广大菌农与初学者对生产成本及效益有直观的了解，本书以黑龙江省目前的生产情况进行分析，实际情况可能会随各地发展现状略有不同，仅供参考。

本书编写分工如下：张娣参与全书所有内容的编写并负责统稿。王继华、邢立伟，编写项目1～项目3；姜国胜，编写项目4、项目5和项目12；李东伟、王延锋，编写项目6～项目8；宋长军、徐敬才，编写项目9；祝嗣臣，编写项目10；李贺，编写项目11、项目13和项目15；马有辉，编写项目14。本书属黑龙江省教育科学规划课题（设施农业校企共建生产性实训基地建设实践研究，编号：ZJB1421096）和黑龙江省教育科学规划课题（基于"中特高"背景下服务地方产业与《食用菌》课程建设相融合的探索与实践，编号：ZJB1422117）成果。

由于编者水平有限，书中难免会有疏漏之处，敬请广大读者和业内同仁提出宝贵意见、不吝赐教。

编者

目　录

模块三　常见食用菌优质栽培技术　　　69

模块一

走进食用菌产业

项目 1
走进神奇的食用菌世界

食用菌营养丰富、味道鲜美，具有很好的保健作用，是人们餐桌上必不可少的食品。随着消费者对食用菌营养价值的逐渐认识，食用菌产品的需求量不断增大。食用菌产业的发展前景非常广阔，联合国粮食及农业组织曾提出"一荤一素一菇"的膳食结构口号。食用菌在人们膳食生活中的地位也逐步提高，越来越受到青睐。随着食用菌市场需求越来越大，食用菌产业也被带动得飞速发展。

自然界的已知生物主要包括植物、动物和微生物。如果把自然界划分为三界门，可分为植物界、动物界和微生物界。食用菌属于微生物界的一个分支，为大型真菌类。

真菌，是一种真核生物，现已发现七万多种。最常见的真菌是各类蕈菌，也包括霉菌和酵母菌。在蕈菌中，有的是有毒的，不能食用；有的是无毒的，可以食用；还有的是食毒不明的。

视频：了解食用菌，走进食用菌产业

将能够食用的野生蕈菌通过人工驯化并进行人工栽培（人工种植），总结出的生产经验被称为食用菌栽培技术。食用菌栽培的过程包括两个重要的环节：菌种生产和栽培管理。对于食用菌菌种生产者来说，在保证食用菌菌丝生长良好以外，如何控制或杀死其他真菌类也是重要的必修课。同时，生产者需要考虑在食用菌生产中把污染率降到最低，并养成良好的无菌操作习惯以及构建个人的无菌意识。在栽培管理中，要先掌握栽培品种的生长特点和管理经验。

食用菌属于微生物中的真菌类，是能够人工栽培食用的大型真菌。大型真菌生长在基质上或地下的子实体的大小足以让肉眼辨识或徒手采摘，是菌物中的一个重要类群，很多种类都具有较高的营养价值和药用价值。

知识点 1　食用菌的营养价值和药用价值

现在，食用菌在人们膳食生活中的地位逐步提高，越来越受青睐，烹炒、煲汤都是人们喜爱的食用方式，不仅因其口感好，而且益于人体健康。近几年来，人们开始逐渐认识到食用菌的营养价值，这些没有受过污染的纯天然食品进入了寻常百姓家，成为人们的日常膳食。

食用菌是高蛋白、低热量的食品。据测定，菌类所含蛋白质占干重的 30％～45％，是大白菜、白萝卜、番茄等的 3～6 倍。丰富的蛋白质能提供多种氨基酸，这也是野生菌口味鲜美的原因所在，具有无胆固醇、低脂肪、低糖、多膳食纤维、多维生素、多矿物质的优点。食用菌里还含有各种多糖，对增强免疫力有很好的作用，经常食用能调节人体的代谢从而维护健康。

视频：食用菌的营养价值和药用价值

食用菌的营养成分主要有蛋白质、脂类、糖类（又称碳水化合物）、维生素、矿物质五大类（表 1-1）。食用菌不仅含氨基酸种类多，而且氨基酸的含量高，易被人体吸收。

表 1-1　食用菌营养价值

成分	干重占比/%	营养价值
蛋白质	30～45	是普通蔬菜的 3～6 倍
脂类	1.1～8.3	不饱和脂肪酸多、饱和脂肪酸低
维生素	7.4～27.6	维生素 B_1、维生素 B_2、维生素 C、生物素
矿物质	占总灰分的 56～70	最高是钾，其次是磷、硫、钠、钙、镁

知识点 2　食用菌的生长过程

一、食用菌的"一生"

食用菌，是指能够产生子实体或菌核组织，可供人类食用或者药用的大型真菌的总称。

子实体，就是食用菌的繁殖器官，即产生孢子的结构，俗称菇、耳等。

所谓菌核组织，就是因环境条件不适宜而由菌丝体发育形成的菌丝的特殊结构（也叫变态结构），有球状、块状、柱状、生姜状等，是一种菌丝的休眠体，如猪苓、茯苓等（图 1-1）。菌核能够抵抗不良环境，等外界条件适宜了，又能长出子实体结构。

食用菌的生长过程，其实就是食用菌的生活史。从孢子萌发生长开始，到再一次产生同样的孢子的生长发育过程，我们称之为食用菌的生活史，也就是它的一生：

视频：食用菌的
生长过程

孢子→孢子萌发→单核菌丝→双核菌丝→三生菌丝→子实体→孢子。

图 1-1   猪苓菌核组织和子实体

以担子菌为例，其生活史如图 1-2 所示。

二、食用菌的生长过程

食用菌由生活在基质内的菌丝体和生长在基质表面的子实体两部分组成。简单来说，食用菌的整个生长过程可以分为两个阶段：一是菌丝体生长阶段（营养生长阶段），二是子实体生长阶段（生殖生长阶段）。

（一）菌丝体生长阶段

该阶段也叫营养生长阶段，相当于植物根、茎、叶吸收营养的阶段。这里需要明确菌丝和菌丝体的概念。

菌丝：食用菌的营养器官，是构成菌丝体的丝状单元，为白色管状丝状物。

菌丝体：菌丝的集合体，由基质内无数纤细的菌丝交织而成的丝状体或网

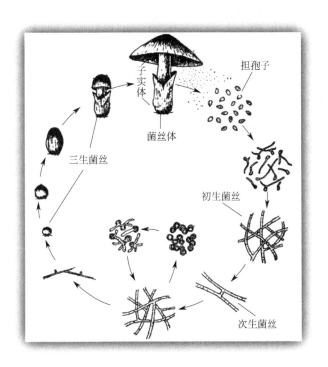

图 1-2　担子菌生活史图

状体（图 1-3）。

（二）子实体生长阶段

该阶段也叫生殖生长阶段，即子实体进行分化的阶段，相当于植物的花、果实、种子形成的阶段。

子实体的主要功能是产生孢子、繁殖后代。食用菌子实体绝大部分为伞状，也有耳状、球状、块状、棒状等。伞状子实体由菌盖和菌柄组成。

（1）菌盖　位于菌柄之上，也叫菌帽、菌伞。其形状、颜色因菌类不同而各异。

（2）菌柄　生长于菌盖之下，是子实体的支撑部分，也是输送养分的组织。菌

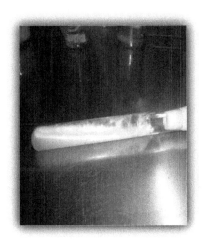

图 1-3　食用菌菇类菌丝体形态

柄的颜色、形状、质地因菌类不同而各异。菌柄多为肉质，常为白色，一般与菌盖同色。

每一种食用菌子实体的结构组成又有所区别，这些结构特征、所处的位置、颜色都是种属鉴定的依据。例如：表皮上有没有鳞片、光不光滑、有没有黏液、有没有条纹、颜色如何等；菌托是花瓣状、杯状、退化还是不规则的。这些都是种属鉴定的依据。

野生食用菌类生长也很有趣，在野外的一个位置找到它，那么在第二年的同一个位置基本还能找到它，这是用于食用菌的菌丝在这里存活的缘故。

项目 2
认识千奇百态的食用菌

许多国家的人们都有食用食用菌的习惯。

历代中医将多种食用菌列入了专著，如东汉时的《神农本草经》记载有茯苓、猪苓、雷丸、木耳等；南北朝时期陶弘景的《本草经集注》和《名医别录》列入了马勃和蝉花等；明代李时珍的《本草纲目》中也记录了木耳、银耳、榆耳、侧耳、香蕈、天花蕈、羊肚菜、鸡枞、鬼盖、竹荪等；清代汪昂的《本草备要》首次明确记载了冬虫夏草等。

视频：认识常见野生食用菌种类

全世界大约有 1 万种蕈菌，我国幅员辽阔，适合各种食用菌的繁殖和生长，是世界上资源最丰富、栽培最早的国家之一。我国已知的食用菌不少于 1600 种。能够人工栽培的食用菌已超过百种，已达到一定生产规模的有 40 多种。

知识点 1 野生菌类

一、松露

松露是一种蕈类的总称，分类为子囊菌门西洋松露科西洋松露属，大约有 10 种不同的品种，通常是一年生的真菌，多数在树的根部着丝生长，一般生长在松树、栎树、橡树下。散布于树底方圆 120～150 厘米处，块状主体藏于地下 3～40 厘米处。黑色松露颜色漆黑，表面布满坚硬鳞甲，产地分布在意大利、法国、西班牙、中国、新西兰等国。

二、松茸

松茸，别名大花菌、剥皮菌（图 2-1）。松茸分布于我国四川省、云南省、浙江省、黑龙江省、吉林省等地。经常食用有强精补肾、恢复精力、益胃补

气、强心补血、健脑益智、理气化痰，以及
改善糖尿病等功效。近年来，深受消费者
喜欢。

三、冬虫夏草

冬虫夏草，别名虫草、冬虫草、雅扎
贡布（即长角的虫子）；子座棒状，生于鳞
翅目幼虫虫体上，一般只长一个子座，从
寄主头部、胸部中生出于地面。

图 2-1　野生松茸

冬虫夏草集中分布于我国青藏高原，
产地有青海省、西藏自治区、新疆维吾尔自治区等地，为名贵中药和保健食品，
性温、味甘后微辛，有补精益髓、保肺、益肾、止血化痢、止痨咳等功效；含
有虫草菌素等多种有效物质。

四、榛蘑

榛蘑为真菌植物门真菌蜜环菌的子实体，是一种普遍采食的野生食用菌，
别名蜜环菌、蜜色环蕈、根条蕈、根腐蕈，分布极广泛，以我国北方林区多
产，夏秋季在林地上、腐木上、树桩上、根部成丛生长（图 2-2）。现在经过人
工驯化有的榛蘑品种已经能够进行人工栽培。

榛蘑营养丰富，富含钙、磷、铁等微量元素；每百克榛蘑中，钾的含量高
达 2000 多毫克；含有人体必需的多种氨基酸和维生素，经常食用可加强肌体
免疫力，同时有益智、益气不饥、延年轻身等作用。榛蘑炖小鸡是我国东北地
区的名菜。

五、白秃马勃

白秃马勃别名白马勃、马屁泡、马蹄包、马粪包，属担子菌类马勃科（图
2-3）。幼嫩时可食用，其味香、可口；老熟后食味变差，一般不再食用，其孢
子粉可作为消炎止血药，有良好的消炎效果；生命力强，现在也有进行人工
栽培。

六、珊瑚菌

珊瑚菌入药有和胃、祛风等作用，可补钙、镇静、防止人体钙流失、强筋
壮骨。常食可美容、提高免疫力。

七、牛肝菌

牛肝菌又称大腿蘑、大脚菇、白牛肝菌，子实体中等至大型。

图 2-2 野生榛蘑

图 2-3 野生白秃马勃

八、扁木灵芝

扁木灵芝又叫老牛干。其菌盖扁，半球形或稍平展，不黏，光滑，黄褐色、土褐色或赤褐色。

知识点 2 人工栽培常见菇类

一、平菇

平菇生产具有以下特点：菌丝发育快、生长繁茂、爬壁力强、不易污染；平菇生命力强，适应性广，易栽培，生产周期短，培养基质多，生产效益高（图 2-4），因此是最容易栽培成功的，一般是初进行食用菌生产创业的小型基地积累栽培经验最好的品种，也是生料栽培最容易成功的品种。

视频：人工栽培
常见菇类

二、香菇

香菇是我国产量第二、出口量第一的食用菌。香菇的优良品种又叫作花菇。一般香菇进行晾晒的时候把菌柄削除留 1 厘米左右（图 2-5），是因为香菇菌柄纤维素多，吃起来口感不佳。所以，市场上卖的干品大多数是香菇柄被切下去的。

香菇菌柄有淡褐色鳞片，中生或偏生，中实；菌环白色，易消失，菌环以下有纤毛状白色鳞片。

香菇栽培中有个转色期工艺过程，菌袋颜色由白色转变为褐色，并在菌棒表面形成瘤状物，即香菇脱袋后形成的人造树皮，决定了出菇是否整齐及产量。

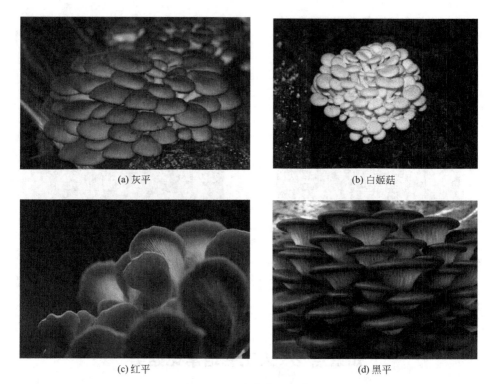

(a) 灰平

(b) 白姬菇

(c) 红平

(d) 黑平

图 2-4　平菇的常见品类

三、栗子蘑

　　学名灰树花，别名贝叶多孔菌、栗蘑。灰树花可人工栽培。我国浙江省、河北省迁西县是灰树花的主要产地。灰树花富含膳食纤维，食药兼用。主要功效：增强免疫力；减少胰岛素依赖，增强人体对胰岛素的敏感度，有助于控制血糖；抑制脂肪细胞堆积；降低血压；有一定预防肠道癌症的作用。

图 2-5　香菇晾晒

四、金针菇

　　据测定，金针菇的氨基酸含量高于一般菇类，尤其是赖氨酸含量特别高，有一定促进儿童智力发育的功效，也可防治溃疡病。金针菇又名增智菇、毛柄金钱菌。

　　金针菇一般是工厂化、机械化、规模化生产。金针菇分布广泛，我国、日本、韩国多以工厂化栽培模式生产。

五、姬菇

　　姬菇又名小平菇，在侧耳属中经济效益明显，品相颇受消费者喜欢。

六、双孢菇

　　双孢菇（图 2-6），别名口蘑、白蘑菇、洋蘑菇、草腐菌，有一定的抗癌作用。双孢菇是草腐菌中栽培数量比较多的品种。在我国，双孢菇工厂化栽培技术不断更新，该品种越来越受消费者喜欢。

图 2-6　双孢菇覆土栽培

七、鸡腿菇

　　鸡腿菇，别名毛头鬼伞。鸡腿菇形似鸡爪子倒插在地上，菌肉呈鸡肉丝状，因此得名。鸡腿菇生长周期短，生物转化率较高，易于栽培；味甘性平，有益脾胃、清心安神等功效。

八、猴头菇

　　猴头菇因外观形似猴子的头而得名，它是中国传统名贵菜肴的食材，誉有"山珍猴头、海味燕窝"之美称（图 2-7）。野生猴头菇很有意思，一般在树的一侧找到一个猴头菇，在另一侧还会找到另一个猴头菇。猴头菇具有养胃的功效。

图 2-7　猴头菇架式栽培

　　猴头菇在我国各个地区都有栽培，近年来，黑龙江省牡丹江海林市种植面积逐年增多，具有"猴头菇之乡"美誉。猴头菇产业发展迅猛，市场鲜品也远销全国各地。

九、鸡枞菌

鸡枞菌，别名伞把菇、鸡肉丝菇。鸡枞菌肉厚、肥硕、质细丝白，味道鲜甜，是一种可以生着吃的食用菌。我国现已开始黑鸡枞的人工栽培。鸡枞菌具有益胃、清神、降血脂等作用。

十、羊肚菌

羊肚菌，别名羊肚菜，是一种珍稀食用菌品种，它有着极其奇特的外观，因其菌盖表面凹凸不平、与羊肚非常相似而得名（图2-8）。这种菌很奇怪，不在营养袋上生，而是借着泥土吸收营养袋里的营养扭结形成子实体，具有润肠通便、加快机体代谢的功效，具有很高的经济价值。

十一、大球盖菇（赤松茸）

大球盖菇是林下草腐菌种植的好品种，也是南菇北移比较早的品种之一（图2-9）。随着秸秆禁止焚烧的政策颁布，应用秸秆稻壳种植大球盖菇成为非常好的栽培项目，经济效益高。

图2-8　人工种植羊肚菌　　　　图2-9　北方人工种植大球盖菇

十二、滑菇

滑菇的鲜菇保质期比较短，菌盖上有黏液，黏液容易变成黑色，影响销售品质，故市场上很少见鲜菇，一般多为腌制品（罐制品）（图2-10）或干品（图2-11）。

腌制品一般在栽培中菌盖尚未打开时采收；干品一般在菌盖打开、开始喷射孢子粉时采收。采收者应在采收前几个小时内浇水沉降孢子粉。

图 2-10 滑菇腌制品　　　　　　　　　　　图 2-11 滑菇干品

十三、杏鲍菇

杏鲍菇现在多以工厂化栽培的形式，也是我国除金针菇外产量第二位的工厂化栽培品种。其具有杏仁的味道、鲍鱼的口感，因此得名杏鲍菇。

十四、榆黄蘑

榆黄蘑是一个高温型品种，常用来制陷，有一种肉的口感。

十五、姬松茸

姬松茸又名巴西蘑菇，属中偏高温型菇，菌盖淡褐色。姬松茸并非松茸，是能够进行人工栽培的品种；而松茸现在还不能进行大规模人工栽培。姬松茸的人工栽培主要以农作物秸秆（如小麦、稻草）、家畜粪便（如牛粪、马粪）为原料。

十六、黄伞

黄伞又名黄柳菇、多脂鳞伞、柳蘑、黄蘑。黄伞子实体色泽鲜艳呈金黄色，菌盖、菌柄上布满黄褐色鳞片（图 2-12）。野生的常在林区的柳树枯木上生长。

十七、竹荪

竹荪具有明显的菌幕结构（图 2-13）。所谓菌幕即在幼小子实体外面或者在菌盖和菌柄之间形成的一层或两层薄膜，前者破裂形成外菌幕、后者破裂形成内菌幕。外菌幕破裂落到菌柄基部为菌托，内菌幕破裂落到菌柄中央即为菌环，这也是进行种属鉴定的形态依据之一。幼小的竹荪外面有一层外菌幕，当其逐渐把外菌幕脱下，穿上镂空"白裙"，好像食用菌种类中的"白雪公主"。

图 2-12　黄伞子实体

图 2-13　竹荪子实体

知识点 3　耳类和芝类

一、耳类

近年来，随着人们对黑木耳营养保健功能认识的提高，人们对黑木耳的需求量与日俱增。耳类的功效也是有目共睹的。其含有的胶质比较多，具有清肺、润肺、降低血脂的功效。耳类品种比较多，如黑木耳、毛木耳、玉木耳、银耳等。

视频：认识
耳类和芝类

二、芝类

灵芝菌盖上具有环状、棱纹和辐射状皱纹，边缘薄、向内卷。无柄灵芝呈半圆形或近扇形，生在阔叶树等树桩的基部，形似覆瓦状生长。其子实体巨大，菌肉为木材色。

灵芝种类非常多，目前发现的灵芝有 100 多种，收入我国药典的有赤芝和紫芝。灵芝具有"扶正固本"的作用。

韩芝个体比赤芝个体大些；美大芝，菌盖较薄，还适合做灵芝粘贴画；松杉灵芝，仿野生种植品种，市场价格高；牛樟芝，主要产在中国台湾，具有败火之功效；紫芝菌盖表面呈现紫黑色；云芝，像一片片祥云连接在一起；白芝这种真菌菌肉质白，如马蹄状，最大可达数斤，长在杨柳树上，有时也长在桦树上，一般在每年 7～10 月生长，主要分布在我国华北和东北地区。

各类灵芝如图 2-14 所示。

(a) 韩芝

(b) 赤芝

(c) 美大芝

(d) 松杉灵芝

(e) 牛樟芝

(f) 紫芝

(g) 云芝

图 2-14　各类灵芝

项目 3
食用菌产业发展及生产示范园区设计

知识点 1　食用菌产业效益及发展现状

一、食用菌生产的巨大效益

1. 社会效益分析

（1）改善了食品结构，提高了营养水平，具有药用价值。

（2）立体、高效的栽培模式，可实现较高的生物转化率。在食用菌栽培中，可以利用砂石地、坡地、荒地、林地、房前屋后等各类土地（图 3-1、图 3-2）。食用菌栽培菇类可以进行立体栽培，有的种类需要铺设层架（图 3-3）；有的则可以直接叠压码放，即为墙式栽培（图 3-4）。

（3）发展食用菌产业，就地安置农村剩余劳动力。

图 3-1　林下栽培黑木耳　　　　　　图 3-2　林下栽培大球盖菇

2. 生态效益分析

食用菌栽培既可清理环境，又能利用废弃物，创造二次价值。食用菌栽培

图 3-3 架式栽培

图 3-4 墙式栽培

能够利用农业有机废弃物，杜绝秸秆焚烧，保护环境。由于食用菌生产的主要原材料为木屑、农作物秸秆、畜禽粪便等废弃料，所以通过发展食用菌产业可以实现资源的循环利用。

3. 经济效益分析

食用菌种植可利用废物，成本低；周期短，见效快；生产利润高；可出口换取外汇，小蘑菇牵动大产业。以单位亩产为例，种植食用菌可以产生的利润是大田农作物的几倍。食用菌的生产效率和经济效益远超大田种植业和养殖业。

二、发展食用菌生产的有利条件

（1）资金来源　政府的重视和扶持是食用菌产业快速发展的根本。

（2）气候资源　我国气候环境多样，适合多种食用菌生长，基础优势明显。

（3）原料资源　丰富的生产原料资源是发展食用菌产业的保证。

（4）人力优势　雄厚的人才技术力量是食用菌产业发展的生力军。

三、食用菌产业概况

据中国食用菌协会不完全统计，2021 年全国食用菌总产量 4133.94 万吨（鲜品，下同），比 2020 年增长 1.79%；2021 年总产值 3475.63 亿元，比 2020 年增长 0.29%。食用菌总产量在 300 万吨以上的有五个省，分别是河南省、福建省、山东省、黑龙江省和河北省。

1. 产业发展存在亟待解决的问题

（1）食用菌产业地区发展不均所导致的品种供给单一，与市场的需求多样化不相适应。

（2）产品质量参差不齐与市场优质化需求不相适应。随着人们生活水平的提高，对食用菌产品质量要求越来越高。由于生产过程中存在着散户分散经营模式及五花八门的栽培方式，导致食用菌产品质量参差不齐，价格出现了两极分化的现象。一方面，一些低质低价的食用菌产品出现滞销；另一方面，高档优质的食用菌产品呈现出供不应求的局面。以黑木耳为例，大孔黑木耳栽培和小孔黑木耳栽培成本相差不多，但由于后者的耳型、口感较好，销售价格却是前者的几倍。

（3）科技创新、转变能力和产业增长方式的要求不相适应。食用菌产业实现由数量型向质量效益型增长方式转变，需要新品种、新技术、新工艺、新设施作为产业升级的技术支撑，使食用菌在品种更新、标准化生产、加工产品开发等科技创新方面有所突破。但是，新品种，特别是珍稀食用菌新品种不多，菌种繁育体系不健全，生产技术、产品深加工技术、产品质量检测技术滞后，都制约了食用菌产业的发展。

（4）产业化经营水平与农民增收的需求不相适应。食用菌产业的大部分利润都被加工、流通环节占有，生产环节的利润相对较薄，有的甚至出现增产不增收的现象。产业化的投入和农户的收入不成正比。

（5）食用菌栽培管理水平与标准化生产的要求不相适应。由于食用菌菌种混乱、生产原始化，农民接受新的种植模式和新技术需要一定时间，生产经营活动受到较大影响。这与整个产业全面实施标准化生产的要求有较大差距，成为食用菌产业健康发展的重要制约因素。

2. 食用菌产业的发展现状

（1）全面整合，扩大规模　为实现食用菌产业可持续发展，食用菌工厂化是未来发展趋势。目前，国内食用菌发展正由生产分散、规模相对小、条件差、效益低阶段，向集约化、智能化、标准化方向发展。

全国食用菌产业稳步发展，全面整合产业优势，力争在生产上形成规模。要按照全面规划、总体布局、重点建设的思路，稳步扩大食用菌生产规模，可以和中大型企业合作或者中小型企业、合作社联合生产。在巩固发展传统品种（如黑木耳、猴头菇、滑菇等）的同时，要根据地域和资源特点，大力发展如双孢菇、赤松茸、榆黄蘑等珍稀菌类。

（2）散户生产不可替代　随着技术和设备水平的提高，食用菌的工厂化生产亦随之产生，但是短期内，零星散户菌农也具有不可替代的作用，是距离食用菌工厂化企业较远的地区的食用菌生产的补充。

（3）推行标准化生产　力争在质量效益上寻求突破。坚持从推进标准化生产、提高食用菌产品的质量入手，加快食用菌产业由数量型向质量效益型转变。按照技术先进、符合市场需求和与国际标准接轨的要求，建立包括食用菌栽培技术、加工、包装、储藏（保鲜）、运输等各个环节的质量标准体系（图3-5）。

图3-5 推行标准化生产

采取有效措施，加强对产地环境的监测，严格投入品种的管理，大力推广先进的病虫害综合防治技术，加强对食用菌产品质量安全的全过程检测管理。

（4）推广新技术、新方法 对新菌农，力求有一个较高的起点；对老菌农，创造条件开眼界、长见识，接受标准化生产。在大力推进标准化生产的同时，努力打造食用菌品牌。积极引进、研制和推广拌料、装袋、打孔、烘干等生产机械，用机械化保证和促进标准化。坚持不懈努力掌握新技术、新方法，逐步实现与国际标准的对接。

知识点2 食用菌产业的发展前景与方向

一、集约化、智能化、工厂化、机械化、标准化"五化"一体

集约化能保证生产数量，智能化能解放劳动力，有标准能保证产品同质性。食用菌的栽培由原来的个体化逐渐向工厂化、机械化栽培发展，使传统的生产管理模式向现代的企业生产管理模式转变。

二、一二三产业融合发展

中国已成为名副其实的食用菌大国，在栽培菌类、生产数量、产品质量、新技术开发、经营模式等方面都取得了令人瞩目的成绩，现正向品种多样化、名贵珍稀菌类发展；向资源持续化、产业规模化、经营公司化方向发展；向生产机械化、工厂化、标准化方向发展；向加工增值化、菇餐大众化、贸易国际化等方向发展，将产品加工成干品、盐渍品和深加工产品供应国内外市场，走出了一条"产、加、销"综合发展之路；形成有产业特色的优势生产区域，以及区域地理标准产品，展示了地方食用菌产业发展区域性特点。例如，黑龙江省食用菌的栽培品种由黑木耳一枝独秀到猴头、灵芝、大球盖菇等多品种齐放，"尚志黑木耳""海林猴头菇""林口滑菇"等8个地区的食用菌获得国家地理标志农产品认证，"东宁黑木耳"成为我国首批35个中欧互认地理标志产品之一。

三、资源循环利用

多年的食用菌栽培生产产生了很多的产业发展的瓶颈问题，如食用菌生产的轮作问题、新的替代原料的问题、生产完的菌袋和废料的处理问题等。这些问题引发思考，也推动产业在资源循环利用实现发展，举例如下。

（1）构建食用菌"草木并举"新格局，发展草腐型珍稀品种。近年来，初步形成了以大球盖菇、双孢菇、羊肚菌等草腐型珍稀品种为特色的种植局面。加快寒地野生草腐型珍稀品种的驯化、栽培与推广，丰富草腐菌品种种类，扩大种植面积，既可解决木屑短缺问题，又能实现资源的可持续利用。

（2）回收废弃菌袋，提高利用率。没有进行规范处理的废弃菌袋，随意堆积在田间地块直接渗入地下或作为垃圾焚烧，会造成生态环境污染。其实，废弃菌袋里面含有大量的菌丝蛋白和未消耗的营养物质，可以作为发酵原料，是非常好的有机质材料。在主产区可以建立专门的菌袋回收处理厂，从而提高废弃菌袋的利用率。

四、食用菌文化传承

古人云："千人同心，则得千人之力。"我国食用菌栽培历史悠久，是世界上最早认识、食用、栽培食用菌的国家之一。同时，也是世界上香菇、草菇、黑木耳、银耳、金针菇、竹荪等食用菌人工栽培的发祥地，有着数千年的历史文化。从野外采食到砍花法种植，从近代的栽培食用菌到创新的代料栽培，再到现在的食用菌工厂化和集约化生产，人类对于菌类的认识和生产有了跨越式的发展和进步。

食用菌文化产业区的建设在野生食用菌自然生长条件的基础上，借助艺术表现手法，围绕食用菌这一主题，展现人与自然的和谐画面，构成了艺术和美（图 3-6）。中国灿烂的食用菌文化与产品也会为食用菌产业带来经济效益（图 3-7）。

图 3-6　食用菌元素景区　　　　　图 3-7　蕈菌文化与科普展馆

知识点 3　食用菌生产示范基地设计

食用菌生产示范基地要有合理的布局，不管食用菌的生产规模大与小，基地首先都要考虑布局。有了合理的布局，基地的使用和管理才能协同高效，同时也关系到生产效率及优质成品率的高低，并直接影响食用菌生产的效益。

一、设计的总体原则

1. 地理位置要求

基地的设计要考虑地形、方位、风向，选择地形开阔、地势高、交通运输便利、水电方便的位置。菌种厂车间应该设在风向的上风口；原料厂和带污染源的库房等，应该设在主要风向的下风口。

2. 环境要求

环境清洁，空气清新，远离畜牧牲畜场、厕所、废弃厂等。

3. 房屋要求

房屋要密闭、保温、通风且光线充足。

4. 建设布局

建设规划食用菌示范基地分两种，一种是原有旧厂的改造升级，另一种是新建示范基地。其建设布局都要遵循生产工艺流程进行设计（图 3-8、图 3-9）。

图 3-8　食用菌生产示范基地平面规划示意一

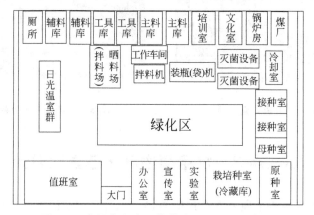

图 3-9　食用菌生产示范基地平面规划示意二

下面以食用菌生产示范基地的菌种生产厂房为例（图 3-10），建设要按照"培养料的准备→制袋→灭菌→冷却→接种→菌丝培养"等生产流程进行平面布局。其中配料间（包括预湿间和生产车间）完成培养料的预湿、配制与装袋（瓶）等制作流程；灭菌间（在灭菌柜处）完成对培养基灭菌的工序，结束后在冷却间冷却；在消毒间内对培养容器表面消毒后进入接种间接种，菌种经出菌室送入培养室内进行菌丝培养，使其形成一条流水作业的生产线，以提高制种工效和保证菌种的质量；生产工艺和规模、安排工位的方向要合理，防止交错布局，造成生产的混乱。总的来说，生产安排要合理有序。每天的菌种生产量与冷却间、接种间、培养室的面积大小比例一般是 500∶5∶1∶3，培养室的摆放袋也要考虑高度和空间。

二、生产基地分区

一般食用菌生产示范基地包括五个区，具体如下。

1. 综合区

综合区包括科研中心、培训中心、交易中心。

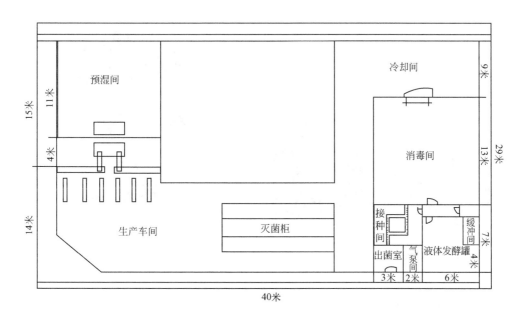

图 3-10　菌种生产车间示意

2. 制种区

（1）原料厂　设在整个厂区的一角，一般为干燥、通风、通光、遮雨处。按食用菌在自然环境中生活的主要营养物料来源准备生产原材料，并放在原料厂保存好，如木屑、稻草、秸秆、玉米芯、麦麸、米糠、豆饼、石膏、石灰等。

（2）拌料装袋室　拌料和装袋可以用机械完成，也可以用人工方法进行拌料，目的就是使培养料混拌均匀。为了减少劳动力、拌料均匀、装袋标准一致，可以增加生产机械，如秸秆粉碎机、木屑粉碎机、拌料机、分装机等。下面介绍应用比较多的机械设备。

① 装袋窝口插棒平口一体机。机械特点：采用高科技精密调配组装，具有集装袋、窝口、插棒、平口于一体的功能；装袋速度、长短、松紧可调，窝口松紧可调且具有窝口反正转、倒车、计数等辅助功能，只需一人套袋即可完成，极大程度地节省人员劳动力（图 3-11）。

② 全自动智能装袋机。机械特点：结构简捷、易检修，自带计数功能；装袋速度、长短、松紧均可调节；具有自动推料、打孔、平面一次完成功能，较大程度上节省人力、缩短工时，大大提升工作效率（图 3-12）。

图 3-11　装袋窝口插棒平口一体机　　　　图 3-12　全自动智能装袋机

③ 气动窝口机。机械特点：操作简便、速度快，省时、省力；可单手操作；袋口平整，褶皱均匀（图 3-13）。

④ 菌包窝口机。菌包窝口机是将灌装后的菌包装袋进行窝口的一种设备。它采用电动机作动力源，放上菌包即可进行自动窝口；具有速度快、动作可靠、结构简单、维修方便等特点，每小时可完成 800～1000 袋（图 3-14）。

图 3-13　气动窝口机　　　　　　　　图 3-14　菌包窝口机

⑤ 黑木耳装袋窝口插棒一体机。机械特点：可一人操作，能实现菌包的装袋、窝口、插棒一体化作业，减少人工，适用于 (16.0～16.5)厘米×38 厘米的菌袋（图 3-15）。

⑥ 菌包生产线。该生产线由 8 立方米原料搅拌机、9 立方米储料搅拌机、皮带提升机、菌料提升机、菌料分料机、余料回送机以及电控设备组成（图 3-16），能够完成原料搅拌、自动定量供水、菌料输送分配、余料回送等多项作

图 3-15　黑木耳装袋窝口插棒一体机

图 3-16　GZX-5 型日产五万袋菌包生产线

业工序，具有操作简单、混合均匀、生产效率高等特点，适用于大型工厂化菌包生产厂，日产 5 万～5.2 万袋。

该生产线的工位数量和生产数量必须匹配，如日产 2 万袋，应该设置 7～10 个工位。按照实际日生产数量和场地占地面积合理设置工位数。

（3）灭菌室　以常用的钢制常压灭菌仓为例。钢制常压灭菌仓是利用外部输入的高温水蒸气对密闭菌仓内的菌包进行灭菌以及腐熟作业的一种设备，节约能源、保温时间长、灭菌效果好。其内部用不锈钢板焊接制作，中间用保温性能良好的岩棉做隔层，结构简单，安装操作方便，使用安全（图 3-17）。规格为每次 5000～10000 包。

（4）接种室　以不锈钢辊道接种生产线为例。该接种生产线是采用垂直层流空气过滤的原理，利用百级高效过滤器对空气进行过滤，不使用任何药物为接种作业环境提供一个纯净的无菌操作空间，无毒无味对人体没有伤害，菌筐采用不锈钢主动辊道输送，配套动力 2.0 千瓦、380 伏，发电机转子频率 50 赫兹（图 3-18）。

（5）培养室　是进行菌种培养的恒温房间，室内设置培养架（图 3-19）或者培养绳（图 3-20），以充分利用空间，但要注意不可摆放得过于密集。

图 3-17 钢制常压灭菌仓

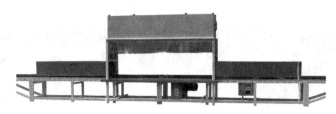

图 3-18 不锈钢辊道接种生产线

图 3-19 培养架   图 3-20 培养绳

培养室的要求：坐北朝南，环境清洁，空气流通；室内设紫外灯或臭氧机；培养室面积大小适中；应设多个培养室，便于管理；要有较好的保温结构，在严寒地区设有取暖保温材料；设置在阴凉、通风、干燥的场所，利于高温降温。

配料、拌料、装袋、灭菌、冷却、缓冲间、接种室，为一个走向的流水线式的位置安排。一般可按照"L"或"一"字形布位（图 3-21）。

图 3-21 "一"字形布位

3. 出菇区（包括现代化出菇室和露天出菇场）

出菇区可设置出菇棚或者露天、林下场所。出菇棚要选择在近河流、空气流畅、四周宽阔的位置，远离畜禽养殖场、垃圾场等场地。水源水质要求选清洁的井水、自来水，远离污染水源。小型生产户或者合作社可以利用现有的空余房间、房前屋后宅基地，合理安排出菇区。同时，要注意废弃的菌袋放置区要远离制种的区域；把培养室和出菇场所隔开；在出菇管理和出菇后菌袋处理的过程中，可以借助小型机械设备来完成。下面介绍几种常用小型机械。

① 自控开口机。机械特点：开口速度快，机体轻便，可根据空间需要设置长短，在继承了传统带式开口机优点的同时，具有走停系统（即有袋工作、无袋立即停止工作）（图 3-22）。

② 袋料分离机。适用于干鲜木耳和蘑菇废弃菌袋的处理，处理后使菌袋与基料分离，并使基料呈颗粒状，便于集堆后再次利用（图 3-23）。

图 3-22 自控开口机　　　　　　　　图 3-23 袋料分离机

③ 大型废旧菌袋分离机。该分离机是将废旧菌袋进行袋、料分离的作业设备，利用铲车上料，能快速将废旧菌袋的外皮和菌料进行分离，达到菌料二次利用的目的，操作简单，生产效率高（图 3-24）。其解决了袋和料难以分离的问题，为资源的循环利用提供了充足的原料。

图 3-24　大型废旧菌袋分离机

4. 食用菌加工区

食用菌加工区包括干品生产部、罐头及盐渍品生产部、深加工部和库房。

为了增加效益，可以进行食用菌初级加工，如盐浸、干制、罐藏等处理方式；也可以进行深加工制作深加工产品，如食用菌冷冻干燥产品、食用菌风味食品、食用菌饮料、食用菌调味品等。在食用菌初级加工和深加工的过程中可以使用一些机械设备，具体如下。

视频：黑木耳
干耳的挑选

① 食用菌筛选机。此筛选机可将木耳、蘑菇分选成若干等级，筛选速度快，筛片更换方便，分等均匀，同时具有去除杂质的功能（图 3-25）。

② 风选机。其特点是轻便，采用比重风选原理，对干木耳、蘑菇进行去除杂质处理，操作过程简单，风选后使木耳、蘑菇无杂质，表面更洁净（图 3-26）。

图 3-25　食用菌筛选机

图 3-26　风选机

5. 旅游观光、品尝区

目前国内的食用菌主题观光园区还比较少。企业可以通过对食用菌文化、栽培技术、品种等内容进行展示，采取旅游观光与品尝结合的方式，集科普、展览、参观、教育、交流等功能于一体，充分利用影像、实物、沙盘及其他现代声光电科技手段，规划以"食用菌"为主题的旅游观光园，将食用菌农业主题观光、品尝、理念融入食用菌生产示范园区设计中（图 3-27、图 3-28）。

图 3-27　食用菌展馆　　　　　　　　　图 3-28　产品展厅

可以根据自己的生产规模、场地占地面积、资金要求等设计合理的分布图。食用菌自动化设备日新月异，为食用菌产业发展提供了充沛的动力、扩大了生产规模，为加快发展资源节约型食用菌产业提质增效。

模块二

菌种生产

项目 4
食用菌菌种的分类

有句农业谚语说："好种长好稻，坏种长稗草；三年不选种，增产要落空。"对于食用菌生产企业来说，食用菌菌种至关重要。食用菌菌种的好坏是决定食用菌生产成败的关键性因素。

食用菌的种子，其实是食用菌生活史中子实体产生的孢子。那么从食用菌的整个生长过程来看，食用菌的种子也可以指食用菌的菌丝。在本书中我们把它叫作菌种。

视频：菌种
的分类

知识点 1　菌种的概念和类型

一、菌种的概念

菌种，狭义地讲，就是指人工培养的，能够结实的，遗传性相对稳定的纯菌丝体。一般是指具有结实能力的双核菌丝。

人工培养就是人类进行栽培菌种的过程，如榆黄蘑菌种分离后进行人工栽培驯化、实验出菇并加以推广的过程。有一些野生食用菌种类，目前我们还没有突破进行人工栽培，尤其是进行大规模栽培实验及推广，还需要一定的时间。如大兴安岭泥炭中的蘑菇，可以进行分离菌种，可是关于它的营养和生活条件还不是很清楚，处于实验阶段，不能进行人工栽培推广。

一个良好的品种经过三四年以上栽培就会表现出菌种退化现象，如抗性差、出菇迟、长势弱、转潮慢、产量不高等现象。因此，一个良好的菌种，要求遗传性相对稳定。通过有性繁殖所产生的孢子进行母种繁殖是解决种性退化的一条有效途径；或者由子实体、菌核、菌索组织及基质分离来进行菌种提纯。最终获得不能含有任何杂菌的纯菌丝体。现在一般常采用子实体菌种分离获得纯菌丝体的方法。

二、菌种的类型

根据菌种的使用目的不同分为母种、原种、栽培种。

（一）母种

母种又叫一级菌种、试管菌种、斜面菌种、保藏菌种、再生菌种。这些称呼说的都是母种。那么，母种是怎么来的呢？

母种是通过孢子萌发或组织分离获得的，并经鉴定为种性优良、遗传性相对稳定的纯菌丝体。除单孢子分离外，所获得的纯菌丝一般具有结实能力，称为原始母种。为了生产的需要，往往需要扩大生产母种。所以原始母种往往要经过一两次的转管扩大培养，转管后的母种称为再生母种。

那么母种又有什么用途呢？它主要是用于生产原种、菌种的保藏、扩繁再生菌种。这个时期的母种菌丝的特点是菌丝弱而少，不可以直接用于栽培。

试管或培养皿也可以用于菌种扩繁和短期保存菌种用。

不同食用菌种类母种的菌丝状态也有区别。如灵芝的母种菌丝容易形成菌皮，也就是在斜面培养基表面菌丝相互扭结形成一层不易挑取的皮；菇类母种菌丝的爬壁力一般很强，分支相对比灵芝菌丝、木耳菌丝粗壮。

（二）原种

原种又叫二级菌种、瓶装菌种。它是通过母种扩大到粗放的一些培养基上培养而来的纯菌丝。原种的用途是用于生产栽培种。

承装容器要求是白色、透明的瓶或袋，抑或是液体菌种发酵罐。

原种与母种培养的区别是培养基和容器不同：母种的培养基是固化培养基，容器为试管；而原种的培养基的容器是瓶、罐或者是袋。

固化培养基是液体状态培养基加入了凝固物质（如琼脂条或者琼脂粉），而使液体状态的培养基变成固体状态。

固体培养基是培养基为固体状态，由木屑、麦麸、葡萄糖、石膏、石灰等固体状态物质配制而成。将母种接在固体培养基上，经过一次培养后，使菌丝体生长更为健壮，不仅增加了对培养基和生活环境的适用性，而且还为生产提供了足够数量的菌种。这就是扩繁的过程和目的。

原种菌种类型按照培养基物理状态不同可分为固体菌种和液体菌种。

固体菌种，指用固体培养基培养的菌种。这类菌种生产时，设备简单，各家各户都能做，但是菌龄培养时间较长，会造成菌袋上下菌龄不一致。

液体菌种，指用液体培养基培养的菌种。这类菌种生产时，需要有食用菌液体菌种发酵罐，一次性投入较高，较复杂，但是菌龄相对一致。这也是液体菌种和固体菌种生产的对比优缺点。

现在菌农在生产中一般应用固体菌种较多；大型菌包厂菌包生产使用液体

菌种较多。

（三）栽培种

栽培种又叫三级菌种、生产菌种、袋装菌种，是由原种扩大培养而成，主要用于栽培生产，即出菇的菌袋或菌瓶。除金针菇栽培种生产也有用瓶装外，大多数承装容器为聚丙烯袋或聚乙烯袋。

栽培种一般不能用于再扩大繁殖菌种，否则会导致菌种退化、生活力下降，给生产带来减产或更为严重的损失，一般就用三级菌种进行出菇。

知识点 2　母种的科学使用方法

如果有比较好的母种，应合理安排母种的使用（图 4-1）。

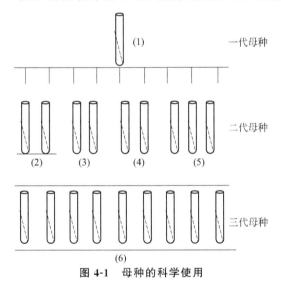

视频：母种的
科学使用方法

图 4-1　母种的科学使用

图中，（1）号试管菌种为一代母种，可转接 60～100 支二代母种。举例：（2）～（5）号试管菌种均为二代母种（即再生母种）。（2）号试管菌种可用液体石蜡低温保藏，保藏时间可长达 5～7 年。（3）和（4）号试管菌种可用冰箱低温保藏 6 个月。（5）号试管菌种用于接种三代母种。（6）号试管菌种为三代母种，用于生产二级菌种（即为原种）。

每一支试管能转接 60～100 支子代母种，是不是可以无限地繁衍下去呢？我们可以形象地把一代母种称为"爷爷辈"，二代母种称为"爸爸辈"，三代母种称为"孙子辈"。倘若三代母种无限地进行转管，菌种的活性、抗性、产量性状会发生改变，不确定因素增多，所以转管次数不能超过 3～4 代。扩繁（或者说转管）不能超过 4 次，以免菌种退化及污染。所以市场上也会出现不同价位的试管菌种，我们要清楚地知道是哪代母种。一般 1 支再生母种可以扩繁 6～8 瓶（或袋）原种。

项目 5
母种的生产

在食用菌生产过程中，由于分离驯化或引进的原始母种数量有限，不能满足生产所需，因此，需要进行母种的扩大繁殖。母种生产包括母种培养基制作与灭菌、母种转管。

培养基是食用菌生长繁殖的基础，是按照食用菌生长发育所需要的各种营养，利用一些天然物质或化学试剂按一定比例人工配制而成的营养基质。合理的营养成分、科学的比例配方、适宜的水分及酸碱度、良好的外部环境条件是保证食用菌菌丝旺盛生长、抗性强、产量高、质量好的必要条件。

不同的食用菌对培养基种类的要求均有所不同，同一种食用菌也可以同时使用几种不同的培养基，以下介绍培养基的分类。

1. 按营养物质来源

（1）天然培养基　是用化学成分未知或不全知道的天然有机营养物质配制而成。如各种农副产品、小麦、木屑、玉米、马铃薯等的下脚料，以及动、植物组织浸出液（如牛肉膏、麦芽汁、肉汤等），均为常用的原料。

（2）合成培养基　又叫组合培养基，是用已知化学成分的有机、无机化合物和生长素为营养物质配制而成。

（3）半合成培养基　又叫半组合培养基，是在天然培养基中添加已知成分的化合物，或在合成培养基中添加某些天然的有机物质配制而成的培养基。

2. 按物理状态

（1）液体培养基　是将食用菌所需的营养物质按一定比例加水配制而成的培养基。

（2）固体培养基　是以富含木质素、纤维素、淀粉等各种碳源物质为主，添加有机氮、无机盐，加一定水呈固体的培养基，如木屑培养基、麦粒培养基等。

（3）固化培养基　是在培养液中加入适量凝固剂，使之固体化的培养基，如 PDA 培养基。

知识点 1　母种培养基制作与灭菌

马铃薯葡萄糖培养基简称 PDA 培养基，是母种培养基中最常用的一种培养基，适用于食用菌的母种分离、提纯、培养及保藏，广泛地应用于绝大多数的食用菌母种培养，是栽培生产中最常用的培养基。

如果按营养物质来源划分，为半合成培养基；如果按培养基的物理性状划分，为固化培养基，在不添加凝固剂的状态下可作为液体培养基使用。

PDA 培养基按照承载容器的不同可分为斜面培养基和平板培养基。斜面培养基使用试管作为承装容器，生产中常用的试管规格有 20 毫米×200 毫米和 18 毫米×180 毫米两种；平板培养基使用培养皿作为承装容器，常用的平皿规格有 60 毫米×15 毫米、90 毫米×15 毫米、120 毫米×15 毫米三种。

一、 PDA 培养基配方

马铃薯 200 克，葡萄糖 20 克，琼脂粉 18～20 克，水 1000 毫升，不需要调节 pH。

培养基中马铃薯含淀粉 20% 左右、蛋白质 2%～3%、脂肪 0.2%，还有各种无机盐、纤维素及多种维生素等，主要是为培养基提供丰富营养和起到刺激菌丝体代谢活动的作用。

葡萄糖为白色结晶性物质，易溶于水。作为碳源，构成细胞物质和提供生长发育所需的能量，也能起到诱导胞外酶的活化作用。

琼脂粉，又名洋粉或洋菜粉，用海产的石花菜、江蓠等制成，为白色或黄色粉末。琼脂粉本身无营养成分，所以不被微生物分解利用。其透明度好、黏着力强，在培养基中起到凝固剂的作用，温度高于 95℃ 时溶解、低于 40℃ 时凝固。

制作 PDA 培养基所需用到的设备主要有电磁炉、电子天平（百分之一）、烧杯、20 毫米×200 毫米试管、棉花、纱布、牛皮纸、橡皮筋、玻璃棒，以及分装时使用的下口杯及铁架台等（图 5-1）。

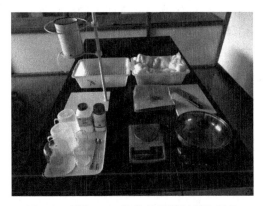

图 5-1 制作 PDA 培养基所需材料和用具

二、 PDA 培养基制作

（1）选择无芽、无病虫害的马铃薯去皮、去芽眼，清洗干净后，切成厚度为 2 毫米左右的片状。将切好的马铃薯片放入称量盘内称取 200 克，放入小锅或大烧杯中，加入水 1000 毫升，打开电磁炉开关，文火煮沸 15~20 分钟。用玻璃棒按住马铃薯片在锅边轻轻下压，使马铃薯片裂开而不碎烂，即达到蒸煮效果，停止加热。使用 4 层纱布过滤取其过滤液。取下纱布，将滤液补水至1000 毫升。

称取琼脂粉 18 克、葡萄糖 20 克备用。将滤液倒入锅中，加入琼脂粉 18 克，加热煮沸至琼脂粉完全溶化后再加入葡萄糖20 克，继续加热搅拌至完全溶解后停止加热。

将锅中培养基倒入下口杯中开始分装，分装量为试管长度的 1/4，操作时尽量防止培养基沾到试管内壁上，以免棉塞沾到培养基受潮后引起污染。

视频：PDA培养基的制作

（2）分装结束后，要及时塞上棉塞。可使用普通棉花制作棉塞。棉塞的制作方法是取长、宽各 5~6 厘米的棉花，沿一边卷起来，两边多余的棉花向里收取，要卷紧，再对折，对折的一头塞入试管口 2 厘米左右，外露试管口 1 厘米左右。棉塞大小要均匀、松紧度适中。

（3）把塞好棉塞的试管，用橡皮筋每 7 支或 10 支扎成一捆，棉塞一端用牛皮纸包住扎紧，装入灭菌提篮内。

（4）手提篮放入高压灭菌锅中，设置灭菌锅温度 121℃，时间 30 分钟，开始灭菌。

（5）待灭菌时间结束，压力与温度自然降至零位后，关闭灭菌锅开关，打开灭菌锅锅盖，取出培养基，在清洁的台面上倾斜排放，摆成斜面，培养基斜面长度达到试管全长的 1/5～1/4 为宜。待培养基冷却至室温时，就会自然凝固成斜面培养基。

三、 PDA 培养基制作过程中的注意事项

（1）马铃薯一定要去皮并挖去芽眼。因为芽眼中含有龙葵素，对菌丝有毒害作用，不利于菌丝生长发育。

（2）加热溶化琼脂粉时要不断地搅拌，并要稳火，以防琼脂粉沉淀锅底，烧煳锅底。

（3）分装试管时要防止培养基沾到试管口内壁上。

（4）棉塞要用普通棉花，不能用脱脂棉。因为脱脂棉易吸水润湿，影响通气，且易污染。棉塞松紧要适当，不宜过松或过紧，加入培养基后以手拿棉塞提起试管而试管不易脱落为宜。

（5）分装后加棉塞的试管不能平放或倒放，以免培养基沾到棉塞上。

知识点 2　母种转管

母种转管是指将分离培养成的母种菌丝体，无菌操作移接到空白试管培养基上。这个操作过程叫做转管或转代。

母种转管是食用菌制种工作中的一项最基本的操作，无论是菌种的继代、分离、鉴定还是研究食用菌形态、生理、生化等，抑或是菌种的扩繁都离不开母种转管操作。

母种转管所需要用到的设备与用具主要有超净工作台、酒精灯、接种钩、接种铲、75％酒精棉、95％酒精、工具支架、PDA 斜面培养基、平皿、口取纸、恒温培养箱等。

一、操作规程

母种转管需要在无菌的环境中以无菌操作方法完成。为避免有害微生物活动而造成污染，确保母种转管操作过程顺利完成及菌丝体进行纯培养，必须遵循无菌操作规程，有以下 5 点要求。

（1）接种前对接种室要提前 2 天用甲醛和高锰酸钾熏蒸消毒，接种前用 25％的氨水溶液喷雾驱除甲醛气味；也可以采用烟雾消毒剂进行熏蒸消毒，并准备好用具。

（2）提前 30 分钟打开超净工作台，将待接种的培养基放在接种室工作台

上，打开紫外线杀菌灯消毒 30 分钟。

（3）换好清洁的工作服，同时清洗双手，然后将菌种带入接种室内。

（4）关闭紫外线杀菌灯，取少许 75％酒精棉擦拭双手、菌种容器表面、超净工作台台面及接种工具。

（5）酒精灯火焰分为内焰、外焰、焰芯。其中外焰区域温度最高，以外焰为中心，周围 8～10 厘米范围内的空间为无菌区，所有操作过程必须靠近火焰周围 10 厘米范围内进行，但要注意不要离火焰太近以免烫伤菌种。转管操作时动作要快，转管时间不宜太长。

二、母种转管的具体操作过程

（1）取少许酒精棉擦拭双手、接种工具及菌种容器表面，点燃酒精灯，右手拿起接种钩、接种铲蘸取酒精在酒精灯火焰上灼烧后放在支架上冷却备用。

视频：母种
转管操作

（2）拿起母种试管放到左手，用拇指和其他四指握在手中，斜面向上，右手小指与手掌握住棉塞拔掉，拔出的棉塞勿触及任何地方。

试管口在酒精灯火焰上灼烧一下，右手拿起接种钩将母种培养基前端 1 厘米勾出、去掉。更换接种钩，在培养基表面横向左右切割，切割宽度为 2 毫米左右，切透菌丝表面至培养基内侧，但不能切断培养基，切好后接种钩灼烧冷却备用。

（3）拿起空白培养基放置于左手母种试管外侧平行握住，斜面向上。

（4）用右手无名指、小指夹住空白培养基棉塞拔掉，拿起接种铲伸入母种试管内，接种铲垂直于菌丝面向内切割两次，之间距离为 2 毫米左右，这时切好的接种块面积大约为 4 平方毫米。使用接种铲铲取接种块，带少许培养基，迅速移接到空白斜面培养基内，接种块要放在斜面培养基的中间位置上。抽出接种铲，灼烧试管口，将棉塞在火焰上轻轻灼烧一下，并在火焰旁将棉塞塞上，注意转接过程中不要使接种块沾在试管壁上。转管操作完成。

（5）如果需要转接多支试管或多个品种，重复以上操作步骤即可。整个操作过程要快速、准确、熟练。

转管结束后，试管用橡皮筋每 7 支或 10 支一捆扎好，贴上标签，注明品种名称、日期及接种人员信息等内容。注意标签贴的位置不要遮挡棉塞及培养基，目的是避免影响菌丝生长及污染情况的观察。使用牛皮纸将棉塞端包好，置于 25℃恒温箱中避光培养。根据不同菌类要求，在适宜温度下培养数天，一般培养 3～5 天后要检查菌丝的生长情况，发现污染或者生长不良的情况，要及时挑出处理，以免蔓延。培养 7～15 天母种菌丝即可长满。污染的试管要经过高压灭菌后，方可进行清洗处理。

三、在母种转管过程中需要注意的事项

（1）原母种培养基内的老接种块因培养时间过长、生活力下降，不宜接入新培养基内。

（2）母种转管时切割接种块不宜太大。

（3）母种转管时切勿使试管口离开酒精灯火焰的无菌区范围。

（4）操作时试管口、瓶口尽量向下倾斜，以减少杂菌污染机会。

（5）母种转管前要准备好一些无菌棉塞，一起放入接种室内，以便更换受潮的棉塞。

（6）母种转管操作过程中，人员在接种室内尽量不要走动，以减少空气流动扬起的灰尘污染源。

（7）母种转管时留下的杂物，如用过的酒精棉、菌种碎屑等要及时清理干净，保持台面清洁，构建相对无菌的空间。

食用菌母种检验标准

检验内容		标准要求	检验方法
试管容器		洁净、无破损	肉眼观察
棉塞		干燥、洁净、松紧适度、无脱落现象	肉眼观察
培养基装入量		占试管长度的1/5~1/4	肉眼观察、测量
斜面长度		培养基斜面最上端距棉塞4~5厘米	肉眼观察、测量
接种量（接种块）		（3~5）毫米×（3~5）毫米	游标卡尺测量
菌丝外观观察	菌丝生长量	长满培养基斜面	肉眼观察
	菌丝体特征	洁白、生长健旺、棉毛状（不同菌种有差异）	肉眼观察
	菌丝体表面	均匀、平整、色泽一致、无角变	肉眼观察
	菌丝分泌物	无	肉眼观察
	菌落边缘	较整齐	肉眼观察
	杂菌菌落	无	放大镜观察
	虫（螨体）	无	放大镜观察
斜面及背面外观		培养基无干缩、无暗斑、无明显色素	肉眼观察
气味		具有食用菌特有香味、无异味	嗅觉检验

实用表单

做好食用菌母种生产记录表，了解母种菌种的质量并作为档案留存，对于生产者了解和检验自己的母种质量以及获得优质的母种也是非常重要的内容。

食用菌母种生产记录表

接种天数	接种日期	品种	培养温度	数量	污染数量	接种人员	备注
第1天							
第2天							
...							

项目 6
固体菌原种的生产

根据培养料的不同，固体菌种又可分为木屑菌种、谷粒菌种、枝条菌种、秸秆菌种、粪草菌种、颗粒菌种等。粪草菌种一般用于草腐菌的栽培种，其他固体菌种适用于大多数食用菌种类栽培栽培。

（1）木屑菌种：以木屑为主要原料的原种或者栽培菌种。生产原料易得；菌种生产过程中装瓶、袋都可以使用相应的机械，节约人工成本；菌种保藏期相对较长，不易老化，应用范围广，适用于大多数的食用菌种类栽培。

视频：固体菌种
的分类

（2）谷粒菌种：以玉米、水稻、小麦、高粱、谷子等粮食为主料生产的菌种，我们统称为粮食菌种或谷粒菌种。国外欧美等国的双孢菇生产中使用的几乎全是谷粒菌种。谷粒菌种具有菌丝生长健壮、生命力强、发菌快、在基质中扩展迅速等优点。缺点是在简易条件下易招致鼠害。国内一些食用菌菌种生产企业和食用菌栽培户也在大量应用谷粒菌种。

（3）枝条菌种：以雪糕棒、筷子、牙签、小木段等材料为主料的菌种我们称之为枝条菌种。枝条菌种所用原料成本较低；接种速度快、用量少；菌种重量轻，便于运输；抗老化能力强。

枝条菌种一般常用厚一点儿的塑料袋作为容器，生产成本低，但微孔问题有时很严重；有的用塑料瓶，生产成本高，但可以有效解决微孔问题。

（4）秸秆菌种：以棉籽壳、玉米芯为主要原料的二级菌种或者栽培菌种。棉籽壳菌种在棉花产区较多使用；玉米芯菌种具有接菌迅速、菌丝浓白、生长粗壮、活力强、萌发点多的优点。秸秆菌种较谷粒菌种具有成本低、耐保藏的特点，成本是谷粒菌种的1/20。

（5）粪草菌种：以畜粪和稻草为培养基主料生产的食用菌菌种。粪草可以发酵，也可不经发酵。它是蘑菇、草菇等菇类常用的菌种类型。粪草菌种具有成本低、制作简单等优点；缺点是菌丝生长缓慢、不强壮，接种时菌种损伤严重等。

（6）颗粒菌种：是用木屑、秸秆、堆肥等适宜材料采用人工压制成颗粒型基质后生产的菌种，也叫种木粒。目前，颗粒菌种的生产工艺日益完善，我国台湾地区以及浙江庆元已经从国外引进颗粒菌种生产线，进行香菇代料袋栽菌种生产。国外日本和韩国已经进行颗粒菌种的生产应用。虽然颗粒菌种在国内尚未形成主流种型，但有广阔的发展前景。

知识点 1   固体原种的质量辨别

在固体菌种生产中，固体菌种质量辨别非常重要。首先明确优良的菌种应具备条件：种性优良，具有高产、优质、抗逆性强等性状；菌丝的生命力强、纯度高；适宜的菌龄、无病虫害等。

其次，辨别固体原种最直接的方法就是直接观察法。直接观察法是菌农最常用的一种方法。

一、外观鉴定内容

主要从菌丝体外观色泽、生长势、生长速度、边缘状况、是否粗壮，菌丝密度、气生菌丝多少、长满斜面天数等方面鉴定质量。方法是看和闻。

1. 看

（1）看包装与培养基   肉眼观察包装是否合乎要求，棉塞有无松动；玻璃瓶或塑料袋有无破损，棉塞、瓶或袋中有无病虫侵染；培养基湿润，"润"是指菌种基质湿润，与瓶壁紧贴，瓶颈略有水珠，无干缩、松散现象。

（2）看纯度   纯度高，无杂菌。菌种纯正，"纯"指菌种的纯度高，无杂菌感染，无抑制线，无退菌、断菌现象等。

（3）看长势   菌丝健壮、浓密、分枝多、富有弹性、生命力强。看长势速度和菌丝体边缘是否整齐、菌丝体粗壮程度、菌丝密度。"壮"是指菌丝粗壮、生长旺盛、分枝多而密，在培养基上萌发、定植、蔓延速度快。

（4）看颜色   色泽纯正、洁白有光泽，无老化变色现象。可取出小块菌丝体观察其颜色和均匀度，并用手指捏料块检查含水量是否符合要求。"正"指菌丝无异常，具有亲本的特征，如菌丝洁白、有光泽、生长整齐、连接成块、具弹性。

2. 闻

闻一闻是否具有食用菌菌种特有的香味。"香"是指具有该品种特有的香味，无霉变、腥味、酸败气味等。

二、原种记录检查

检查菌种生产日期、培养基类型、接种人员记录是否规范等内容；检查菌龄，即转管次数不超过 4 次，保藏不超过 6 个月。

培育优良菌种是提高食用菌生产水平的重要环节。菌种质量的好坏直接关系到后续生产的成败，必须做到严谨、认真。

知识点 2　谷粒菌种的制作

传统的食用菌制种原种多以木屑、棉籽壳、玉米芯等为主料，它们分别不同程度地存在着发菌慢、制种周期长、保存时间短、易老化等缺点。而谷粒菌种常用小麦、大麦、高粱、玉米为基本原料制作。其营养丰富，发菌速度快，保存时间长，抗老化，菌丝生长粗壮、浓白、活力强，因此深受菇农的喜爱。但谷粒菌种制作的技术性很强，如若掌握不好，极易污染杂菌。

一、谷粒菌种的制作过程

1. 原料的选择

无论小麦、玉米还是谷子，供制种最好用贮存一年的陈谷粒，因为陈谷粒比新谷粒吃料快、长势旺，并且要选用颗粒饱满、无虫蛀、无杂质的优质谷粒。

视频：谷粒菌种的制作

2. 浸泡谷粒

对于选好的谷粒，置于清水中清洗干净，然后进行浸泡（图 6-1）。浸至谷粒吸足水分后用两手指搓捏，无实心感觉的谷粒占 50% 左右，为最佳吸水度。浸泡时间依水温而定，水温高，浸泡时间短些；水温低，浸泡时间长些。也可以先用 3% 的澄清石灰水浸泡至其充分吸足水分，捞出后用清水冲洗至中性。

3. 煮制

煮制是制种的关键，一般要熟而不烂、表皮不破、没有淀粉渗出，以谷粒无白芯为标准。煮制时间以小麦旺火煮 15～20 分钟、玉米煮 30～50 分钟、谷粒煮 15～30 分钟为准。

4. 配料

以麦粒培养基为例：麦粒 1000 克、石膏粉 13 克、碳酸钙 4 克（图 6-2），含水量调至 60%～65%。

图 6-1 浸泡麦粒　　　　图 6-2 称量各配料

将煮好的麦粒用笊篱捞出，滤去多余的水分，摊开晾晒；料的含水量一般控制在 60%～65%（图 6-3）。收集麦粒于塑料盆中，按照配方拌入配料搅拌混合均匀（图 6-4）。谷粒过干或不熟，谷粒中的蛋白质、淀粉没能完全变性，灭菌后易造成上层谷粒失水。含水量不足，这样接种后菌丝稀疏，甚至难以发菌；含水量高，播种后早期菌丝生长旺盛，而后期会出现菌丝体衰老自溶现象或徒长而形成菌膜、籽粒成团，不仅易感染杂菌，菌丝也难以长入谷粒内，以上两种情况都会导致制种的失败。

图 6-3 煮制后晾干表面水分　　　　图 6-4 混料

5. 装瓶

制作谷粒菌种时，一般选用玻璃菌种瓶，若用塑料制品会增加污染率。谷粒不宜装太满，所装谷粒约占玻璃瓶的一半即可。装好后，将瓶口内外擦洗干净，待瓶口晾干后塞上棉塞，然后用两层牛皮纸包扎，最好外加一层聚丙烯膜，以防棉塞灭菌时受潮。在制作谷粒菌种时也可以用试管代替菌种瓶进行培养，装入谷粒的量通常占管深的 3/4，制作完成塞上棉塞，同样外层最好包裹一层聚丙烯膜。由于试管体积小,高压灭菌相对彻底,接种和培养的过程污染率更小。

6. 灭菌

谷粒菌种通常采用高压灭菌,灭菌时间要比正常的菌种时间长,一般在 2 千克/平方厘米压力下维持 2~2.5 小时(根据装种量选择维持压力时间),然后除去热源,使压力自然下降。切勿猛开排气阀,开锅盖,稍留一缝盖好,让锅内蒸汽逸出,并利用余热将棉塞烘干。若采用常压灭菌,所需时间根据实际情况设定。

7. 接种

灭好菌的菌种瓶移入冷却室或接种室,让菌种瓶内的谷粒自然冷却,在此期间要将冷却室或接种室、接种箱或超净工作台等进行彻底灭菌。谷粒冷却达到要求后,就可按常规方法进行接种。具体操作:用接种铲去除母种前端 1 厘米左右部分,然后将斜面横向切割成 1~2 厘米的段,在无菌操作的条件下,将切好的菌种快接入谷粒培养基上。若两个人配合接种,则更为方便。1 支母种可以扩繁 8~10 个原种。以容量为 650 毫升的培养瓶为例,可接种栽培袋 50~60 袋。

8. 培养

接种后,在室温下暗培养,菌丝长到 2 厘米深时,拍瓶 1 次,使带菌谷粒上下均匀分散,这样可加快菌丝的生长,使菌龄上下一致。培养期间定期观察,发现污染瓶及时取出,以防扩散到其他菌种瓶,只要掌握以上几个关键技术就能很容易地培养出纯正、粗壮的谷粒菌种。

二、谷粒菌种的使用

谷粒菌种可作栽培种的扩大培养,一瓶标准谷粒原种可接 100 瓶栽培种,它不仅操作方便、节省人力,更重要的是,因其发菌快、封面早,污染率大大降低,提高了制种的成功率和制种质量。谷粒菌种用于栽培,可采用撒播或条播的方式播种,成活快,产量也可提高。

三、谷粒菌种的优缺点

1. 优点

谷粒菌种生产过程中萌发速度快,如果温度合理,生产菌种的时间比木屑菌种、筷子菌种节约 30%~50% 的时间;谷粒菌种接种栽培萌发速度快,菌丝粗壮,易于成活,便于操作。

2. 缺点

谷粒菌种生产成本高,因粮食价格高于木屑、筷子等。谷粒菌种需要用菌种瓶来盛装,不易采用机械化生产,人工成本高;菌种易老化,不易储运,保存期比较短;长满瓶就需要及时使用,如果不使用就需要低温(0~5℃)保藏；菌种容易招引鼠害、虫害等。

谷粒菌种检验标准

检验内容		标准要求		检验方法
容器	容量	洁净、完整、无破损	600～1000 毫升	肉眼观察
	材质		PC 制品或玻璃制品	
谷粒		饱满、无破损、无霉变、无病虫害		肉眼观察
培养基上表面距瓶口的距离		5 厘米左右		肉眼观察、测量
接种量		可接种栽培种 50～60 袋		肉眼观察
菌丝外观观察	菌丝生长量	长满容器		肉眼观察
	菌丝体特征	生长旺健、整齐、颜色洁白(菌种不同有差异性)		肉眼观察
	菌丝体表面	生长均匀、色泽一致、无高温圈		肉眼观察
	培养基表面分泌物	依菌种不同而有差异		肉眼观察
	拮抗现象	无		肉眼观察
	杂菌菌落	无		放大镜观察
	虫(螨体)	无		放大镜观察
	菌皮	无		肉眼观察
气味		具有食用菌特有香味、无异味		嗅觉检验

知识点 3 枝条菌的制作

枝条菌通常选用无硫黄熏蒸的方便筷子、经过处理后的一次性筷子、枝条、雪糕棒等，按照严格的灭菌、配料等工艺制作，代替传统的食用菌菌种制作方法。枝条菌具有原料成本低、质量高、方便接种、培养周期短等优点，但是生产工艺相对复杂，无法使用机械化生产，人工成本高，如果管理不善容易滋生杂菌，因此目前应用范围相对传统木屑菌种、谷粒菌种少。筷子菌制作是近几年来应用的一个菌种制作技术，一般菌种销售企业做得较多。

一、枝条菌的制作

1. 原料的选择

选择无硫黄熏蒸的方便筷、雪糕棒等枝条状木质为原料。

视频：枝条菌
的制作

2. 配料

2500 袋三级菌需 25 袋枝条种，辅料（一般为木屑菌种培养料）用 2 千克硬木屑、粗麦麸 0.4 千克、白糖 25 克、石膏 25 克，配成含水量 60％的填充料。筷子提前用糖水浸泡，糖水浓度一般在 1.5％左右。

3. 制作

用方便筷制作，每 100 双装 1 袋（200 根左右），每亩❶或每棚准备 2500

---

❶ 1 亩≈666.67 平方米。

双筷子。将筷子放入容器中，用重物压上，让规定浓度糖水没过筷子浸泡 12 小时，亦可用糖水煮 20 分钟，让筷子充分吸湿，无干心即可捞出，在配制好的辅料中滚动，蘸上一定量的辅料后装袋，装袋前要在袋底撒一层辅料，防止筷子扎破袋底，然后扎口。

4. 装袋

枝条之间要用填充料填满，以便菌种可以快速萌发生长，可以使菌袋透气，让菌丝上下同时萌发生长，使三级菌菌龄短而一致。

5. 灭菌

枝条菌通常采用高压灭菌，要求在 1.5 千克/平方厘米压力下灭菌 1.5～2 小时，灭菌结束后除去热源，压力自然下降。常压灭菌应在料温达到 100℃ 的条件下灭菌，严格按照规定时间进行，一般 8～10 小时。注意保温时间要够。

6. 接种

灭菌后趁热将料袋搬入接种室或冷却室冷却、消毒至温度降到 25℃ 以下时方可接种，也可称为抢温接种。注意不要将料袋完全冷却再进行接种。先打开扎口绳或封口盖，将事先准备好的菌种按照操作流程快速放入袋中，封口后将接入的菌种进行晃动，使菌种在菌袋中分布均匀，然后上架培养。操作流程：按照无菌操作规程，三个人进行配合，一个人负责接入种，另一个人负责打开袋（瓶）口和封口，第三个人负责搬动待接入或接完的菌种袋（瓶），三个人配合要迅速默契。

7. 培养

将接种后的菌种室温下培养，培养环境要求干燥、清洁、恒温、避光、保持空气流通，后期可降温。一般 22～24℃、20 天左右，菌丝可长满菌袋，而后在 10℃ 低温下复壮菌丝。一般复壮 10 天左右，让菌丝深入枝条木质中，使接种后萌发快速、洁白、整齐。

二、枝条菌接三级种方法

三级木屑菌种装袋、灭菌、出锅、冷却后，在无菌室或冷却室下存放备用。接种前，空间经过严格消毒。接种时，袋口朝下，从表面已消毒的筷子菌种中抽出 1 双筷子种迅速插入袋的两侧，不可太靠边，否则容易穿破菌袋，筷子种末端留 1 厘米在袋外。这样做的目的是起到封闭作用，后期缺氧时，可转动筷子，增加料内氧气。接好的菌袋轻拿轻放，一般可横放在培养基架上或者吊起常温恒温培养。

也可以在接三级种时，把灭菌出锅时的三级菌菌袋直接摆到培养架上，同时将培养室一起消毒杀菌，冷却到 25℃，将筷子直接插入料内，留 1 厘米封口，不要碰掉筷子封口处四周的菌丝，像这样直接在培养架上接种，可减少因为搬动菌袋导致的松动问题，减少出现微孔使三级菌种中出现感染的现象。但前提是要将培养室彻底灭菌，而且不建议在接种后继续向培养室中放入新灭菌的菌袋。因为新灭菌的菌袋会产生大量热气，不利于接种好的菌种萌发。

三、枝条菌的优缺点

1. 枝条菌的优点

（1）枝条菌种所用的原料价格低，用量少，相对成本低　木屑菌种每亩需要 200 袋二级种，每袋约 1.8 元，合计 360 元；而筷子菌种每亩需 100 袋，每袋约 2 元，合计 200 元，即每亩可节省 160 元。

（2）枝条菌接种质量较高　接种后，菌种长速快，菌丝粗壮，污染率低，菌龄短而一致。避免了木屑菌种菌袋上面老化、菌袋下面还没有长好的缺点，且菌种纯度高、抗杂能力强。

（3）所需人员少，接种快，劳动效率大大提高　使用木屑二级种转接三级种 2000 袋，需 8 人工作 6～8 小时，劳动强度大。用筷子种转接三级种，只需要 4 人且 2～4 小时就可接完，劳动效率显著提高。

（4）占地少，培养周期短　两个木屑菌种等于一个筷子菌数量，减少培养原种的占地面积；筷子菌种接种后不同于木屑菌种以点到面，而是更接近于液体菌种接种，大大增加了接种面积，从而缩短了培养周期。

2. 枝条菌的缺点

枝条菌种生产工艺相对复杂，无法使用机械化生产，生产人工成本相对高；筷子菌种由于接种量小，如果管理不善容易滋生杂菌且应用范围相对小，仅适用于插空心棒接种方式生产的食用菌种类。

枝条菌种检验标准

检验内容		标准要求	检验方法
容器		聚乙烯袋或聚丙烯袋;洁净、完整、无破损	肉眼观察
枝条		阔叶树、硬杂木枝，长 10～15 厘米、直径 2～5 毫米	直尺测量、肉眼观察
棉塞或无棉体盖		洁净、干燥、松紧适度,能满足透气和滤菌要求	肉眼观察
培养基上表面距袋口的距离		5～6 厘米	肉眼观察、测量
接种量		可接种栽培种180～200 袋	肉眼观察
菌丝外观观察	菌丝生长量	长满容器，气生菌丝浮于枝条表面	肉眼观察
	菌丝体特征	生长旺盛、健壮、整齐，颜色洁白	肉眼观察
	菌丝体表面	生长均匀、色泽一致、无高温圈	肉眼观察
	培养基表面分泌物	依菌种不同而有差异	肉眼观察
	拮抗现象	无	肉眼观察
	杂菌菌落	无	放大镜观察
	虫（螨体）	无	放大镜观察
	菌皮	无	肉眼观察
气味		具有食用菌特有香味、无异味	嗅觉检验

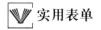 **实用表单**

原种生产记录表

生产日期：　　年　　月　　日

	类别		名称	数量
备料	主料			
	辅料			
	化学添加剂			
			负责人：	
拌料	水： pH值： 含水量：			
			负责人：	
装袋	容器		数量	袋（瓶）
			负责人：	

	灭菌方式	入锅时间	开锅时间	停火时间	出锅时间	冷却时间
灭菌	高压灭菌					
	常压灭菌					
	负责人：					

		消毒剂名称	消杀方式	消杀时间
接种	接种室			
	接种数量		袋（瓶）	
	负责人：			

	温度	湿度	光照	二氧化碳
培养				
	负责人：			

原种培养观察记录表

菌种名称：＿＿＿＿＿＿＿＿＿　　　　接种日期：＿＿＿＿＿＿＿

菌种数量：＿＿＿＿＿＿＿＿＿　　　　接种人：＿＿＿＿＿＿＿

观察日期	培养天数	培养温度	湿度	通风时间	污染数量	观察员

项目 7
液体菌原种的生产

随着食用菌产业的快速发展，传统的食用菌生产模式越来越不能满足市场的需求。传统的菌种生产模式是以固体菌种为主，与快速发展的食用菌现代产业不相适应，不能满足菌种快速、高质量、高品质的要求。

目前，从食用菌菌种生产数量来看，液体菌种使用相对比固体菌种少。然而，液体菌种适合大中型食用菌工厂化生产。液体菌种的应用已成为食用菌产业规模化、集约化、智能化、标准化、周年化生产的发展趋势。近几年来，液体菌种发展速度最为迅猛。

视频：液体菌种
优缺点

所谓液体菌种是指用液体培养基在生物发酵罐中通过深层培养技术生产的物理状态为液体形态的食用菌菌种。

液体菌种具有快速、污染低、省工等优点，与固体菌种相比有以下五个优势。

一、生长快、周期短、高效

要提高食用菌的栽培效益，就必须解决目前低效的菌种生产方式。液体菌种在培养罐内菌体细胞以动态方式培养，菌丝分裂迅速，在短期内能获得大量菌丝体或菌丝球。固体菌种培养，其菌丝体是以对数的速度自上而下匀速生长；而液体菌种培养，其菌体细胞是以几何数字的倍数加速增殖的。

一般从母种接入小摇瓶到大摇瓶再到发酵罐的培养时间为 13～15 天，大幅缩短了菌种制作时间，且制作方便、快捷，而固体菌种原种扩繁都得 1 个多月。使用液体菌种，可以提早出菇，提高生物转化率。

二、活力强、菌龄一致

液体菌种不仅营养、温度、氧气、酸碱度等生长所需环境可以控制，最大限度地满足了菌体的生长需求，还具备活力强、菌龄一致、栽培袋中菌丝均一性好、出菇整齐、产品质量好的优点。而固体菌种往往是瓶（或袋）内上下菌龄不一致，下面刚长好，上面可能已老化并失去活力。

三、纯度高

液体菌种纯度高，而固体菌种所用斜面母种需求量大，经无限转代后纯度降低。检测以后的液体菌种减少了杂菌对接种栽培袋的再次污染。

四、萌发速度快、抗杂性强

液体菌种具有流动性，接种后易分散、萌发点多，菌球接入后萌发快。在适宜条件下，液体菌种接到栽培袋后 4 小时萌动、6 小时萌发；接种后 48 小时左右菌丝布满接种面，使栽培污染得到有效控制。基本上 48 小时接种萌发点就"白"了。而固体菌种接种时，菌体经过剥离与撕裂和药物熏杀，从萌发吃料到封闭接种面，一般得 5～7 天，所以杂菌污染概率大。

五、接种速度快、成本低

液体菌种占空间小、所用原料成本低、需要人员少，其制作成本能大幅降低；接种便利，减少人工，一个人即可完成接种环节。固体菌种接种则至少需要 3 个人配合完成。液体菌种原料成本算下来，每个栽培袋菌种成本基本在 1～3 分钱左右；而固体菌种如果按照目前市场售价 5 元钱一袋，每袋接种栽培种 80 袋的话，那么一袋菌袋菌种成本要 6 分钱左右。因此，从菌种原料成本上来看，液体菌种生产所需原料成本比固体菌种低得多。同时，因其生长周期短、高效等原因，可减少保温和降温使用的煤和电，也减少养菌用房屋和场地，一定程度降低成本投入。

液体菌种用接种枪接种，接种速度是固体菌种的几倍甚至是十几倍。液体菌种接种每人每小时可完成 800 袋以上。现在还有一种食用菌液体菌种定量接种机，可以定量、计数、灭菌，接种更均匀，使用更安全，省时又省力（图 7-1）。

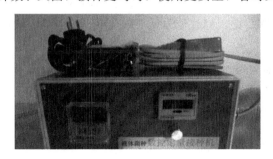

图 7-1　食用菌液体菌种定量接种机

液体菌种生产有诸多优点，但同时也有制约发展的因素，如：液体菌种对设备要求高、一次性投入大；为最大程度降低污染率，洁净区空间需要做到万级净化，其中接种机和发酵罐接种区需做到百万级净化；对技术人员要求较高，需要了解并熟练掌握发酵系统、机器设备系统的基础原理和操作技术；液体菌种不便于保藏，生产后须立即投入使用。所以，液体菌种不适合小农户小规模生产，更适合规模化、周年化、工厂化生产。

随着工厂化生产和经营管理方式改变，食用菌生产的进程不断推进。越来越多食用菌生产企业将液体菌种生产技术与工厂化栽培技术有机结合，来实现食用菌规模化、标准化、现代化的工厂化生产。液体菌种生产是食用菌产业发展的产物，也是必然趋势。

知识点 1 摇瓶菌种的制作

一、准备材料

试管母种、超净工作台、接种用具、电磁炉、锅、酒精灯、酒精棉、1000 毫升锥形瓶、牛皮纸或报纸、普通棉花、皮套、刀、菜板、下口杯；土豆、麦麸、磷酸二氢钾、硫酸镁、酵母膏、维生素 B_1、葡萄糖、红糖、玉米粉、黄豆粉、蛋白胨等。

视频：摇瓶菌种的制作

二、摇瓶培养基配方

配方 1：土豆 200 克、麦麸 50 克、磷酸二氢钾 2 克、硫酸镁 1 克、蛋白胨 2 克、红糖 15 克、葡萄糖 10 克、维生素 B_1 10 毫克，水补充至 1000 毫升。

配方 2：土豆 200 克、糖 20 克、酵母膏 3 克、磷酸二氢钾 2 克、硫酸镁 1 克、维生素 B_1 10 毫克，水补充至 1000 毫升。

配方 3（免煮）：糖 20 克、玉米粉 5 克（起到增稠的作用）、黄豆粉（豆饼粉）10 克、蛋白胨 2 克、酵母膏 2 克、磷酸二氢钾 2 克、硫酸镁 1 克，用水定容至 1000 毫升。

这种配方只需要将所有物品称量后，放入水中，用玻璃棒将其搅匀分装到锥形瓶中即可。注意分装时，尽量边搅拌边分装。

三、摇瓶菌种培养基制作

以配方 1 为例。

1. 称量

将配方中各药品准确称量备用。注意托盘天平操作（左物右码）。药品量少时，可以用电子天平来进行称量。

2. 煮制

将马铃薯洗净，削去皮与芽眼，切成薄片或小块，加水 1000 毫升，在锅内煮沸后保持 20 分钟左右。马铃薯煮熟，不要太烂，然后将煮熟后的马铃薯用 4～8 层纱布过滤，取其过滤液（同 PDA 制作过滤液一样）。

将过滤好的马铃薯汁继续用小火加热，并将称量药品加到马铃薯过滤液中用玻璃棒搅匀，加热使其完全溶化，补足水量至 1000 毫升。

3. 分装

将培养基分装在容积 1000 毫升的锥形瓶中，分装锥形瓶时避免培养液粘到瓶壁口，用下口杯进行分装，每瓶装量 500～600 毫升。

4. 制作锥形瓶棉塞

用纱布包住普通棉花，系好棉塞塞进分装好的锥形瓶中盖好，棉塞大小、松紧度要适中，一般塞入锥形瓶口 3～4 厘米。用牛皮纸或报纸包扎好。

5. 灭菌

高压蒸汽灭菌锅，在温度 121～126℃、压力 0.11～0.15 兆帕的条件下，灭菌保持 30 分钟。灭菌结束降温后，将锅盖打开一小缝，将报纸等易湿物品烘干。取出锥形瓶放在超净工作台或接种箱中，冷却后进行接种。

6. 注意事项

（1）马铃薯一定要去皮并挖去芽眼。因为芽眼有毒，对菌丝有毒害作用，不利于菌丝生长发育。

（2）葡萄糖等物质一定要过滤后加入。

（3）分装时要用下口杯或漏斗，以免培养基粘到瓶壁上。

（4）棉塞要用普通棉花，不能用脱脂棉。因脱脂棉易吸水湿润，影响通气，而且易污染。棉塞松紧要适当，不宜过松或过紧。

（5）在接种和培养之前，先要做一下无菌检验：在无菌操作的条件下（一般是超净工作台上），取一摇瓶培养基导入培养皿中，冷却后，放入恒温培养箱中以 37℃培养 24～36 小时。检验灭菌状态。

四、接种操作

1. 无菌环境处理

接种要在无菌操作条件下进行，接种室和接种箱内要提前 2 天用灭菌药物熏蒸。接种前将接种用品和培养基放入接种室，打开紫外灯灭菌 20～30 分钟。接种人员进入缓冲间停留 1 分钟，被紫外灯照射灭菌后再进入接种室，用 75% 的酒精棉擦手和消毒工具。

2. 选择母种

保证母种的纯正和优良。挑选无任何可疑、没染杂菌、粗壮洁白品质好、菌丝刚长满试管的母种。如果试管菌种是从冰箱中取出的，需提前 24 小时放到室温下活化。

3. 接种

选取新培养好的试管斜面菌种，松动锥形瓶的棉塞，以备接种方便。在酒精灯火焰旁将棉塞顺时针旋转拿下，放在一旁，拿起接种钩在酒精灯外焰上烧红，并慢慢倾斜灼烧。待冷却，用接种钩挑取斜面的 50% 切成 4 毫米×4 毫米的接种块 5～6 块，迅速放入锥形瓶中。动作要领：越快越好，暴露在空气中的时间越短越好。

试管菌种迅速放回酒精灯旁，接种钩也放回试管中，棉塞再次塞入时要经过火焰灼烧。

取双层报纸包扎好锥形瓶瓶口，在瓶上贴好标签，注明菌种名称、接种人员、接种日期，然后放到恒温振荡培养箱中进行培养；做好菌种生产记录。

最后把超净工作台清理干净。

4. 注意事项

接种时中间菌种原来的接种块尽量除去。

五、摇瓶菌种的培养

将锥形瓶置于摇床上或者磁力搅拌器上进行培养，一般温度控制在 25～27℃，避光。

转速或频率逐渐升高，以形成一个小漩涡为宜。前 3 天振荡速度为 120～130 转/分钟，第四天开始改为 150 转/分钟。恒温培养，每天观察菌丝状态，定时观察培养液颜色、菌球形态，如发现异常立即进行鉴定。可以检测 pH 值、镜检菌丝形态观察、取样培养。

菌龄一般控制在 6～8 天，此时培养液内出现大量菌球，培养液呈黄白色，带有菌香气味。放置 20 分钟后菌丝沉淀量达 85% 以上才可接食用菌液体发酵罐。单位时间内，不同菌类菌球培养数量也有区别。可根据不同菌类选择适宜培养天数，每天要检查温度以及菌丝生长情况。将培养好的摇瓶液体种子供给发酵罐进行接种，待发酵罐接种后同时对液体种子进行镜检、空培养、取样。观察菌丝长势和是否被杂菌感染，留存记录。这种摇瓶培养基适合于多种食用菌的菌种培养。

知识点 2　液体罐菌种的生产

市场上液体发酵罐种类很多，从大型工业发酵罐到小型液体发酵罐，都向操作简便和高成功率转型。

食用菌液体发酵罐有很多型号，如 50 升、100 升、200 升、400 升、600 升。各个菌罐生产厂所生产的食用菌罐各有其优缺点，只要操作技术人员熟悉罐体结构，成功率就很高。以下具体介绍液体罐菌种的生产。

一、培养基配方和生产工艺

以 1 升的培养基配方为例进行计算。

视频：液体罐菌种的生产流程

配方：红糖 10 克、玉米粉 5 克、豆饼粉 10 克、蛋白胨 1.5 克、磷酸二氢钾 0.8 克、硫酸镁 0.8 克。也可以用煮土豆麦麸培养基。各种斜面培养基配方都可以作为液体菌培养液配方使用。一般 200 升的发酵罐可装 160 升培养料。

二、液体罐菌种的生产流程

1. 罐的清洗与检查

每做完一罐之后，或在新罐使用前，我们都需要对罐体进行清洗，目的是除去罐内所有污垢。方法是用清水冲刷内壁，然后检查各部件是否完好、有无渗漏、设备能否正常运转。

我们还需要进行煮罐，那在什么时候进行煮罐呢？如在新罐第一次使用时、在上一罐染菌时、在更换品种时、在长期闲置不用时。这些时候我们都需要进行煮罐。具体的操作方法是：

（1）加水至试镜中线，扣上接种盖，微开排气阀。

（2）打开启动开关，进入灭菌状态，温度升到 124℃时，计时，40 分钟后，控制柜报警。

（3）关闭排气阀，关闭启动开关，闷罐 20 分钟，放水。

如是外置滤芯，需要对滤芯及无菌水灭菌：将进气管管口用 8～10 层纱布包好；选择容积是 1000 毫升的广口烧瓶，加水 750～780 毫升，盖棉塞，包牛皮纸；在压力 0.11～0.15 兆帕、温度 121～126℃的条件下，计时 60 分钟。

2. 配制培养基

配方按生产品种配制。很多公司现在也有现成的专用培养基，直接配比即可。

3. 上料

将培养料加入培养器。注意培养料提前用水稀释，不要有结块和颗粒，避免灭菌不彻底。

4. 灭菌

（1）将培养料加入培养器后，扣上接种盖，微开排气阀（注意：开蒸汽阀门顺序不要开错，防止发酵罐培养料回料）。

（2）打开灭菌开关。

（3）当发酵罐温度达到121～126℃时，开始计时，计80分钟，在此期间进行三次排料：在计时开始时、17分钟、35分钟各排料一次，每次排料3～5分钟，三次共排料3～5升。

排料部位：罐底下的各阀门，如进气阀、接种阀等同时排料。

排料方法：微微打开各阀门，只要有少量料液和蒸汽排出即可。

5. 降温（冷却）

（1）计时结束，控制柜报警，开始降温。停止排料。通入循环冷却水。在火焰的保护下，将进气管接到进气阀上。

（2）准备接摇瓶菌种。并瓶：在接种室或接种箱内、在火焰的保护下，将液体专用母种捣碎倒入无菌水内，或者直接用摇瓶菌种。

6. 接种

（1）在接种时我们需要准备：并好瓶的菌种、火焰圈、95％酒精、防烫手套、湿毛巾、打火机、开接种口杆等。

（2）接种过程：打开排气阀，当罐压降到接近于零时，迅速关闭排气阀，点燃火圈，旋开接种盖，在火焰的保护下，将菌种倒入罐内，把接种盖在火焰上烧一下，扣上旋紧，撤掉火圈；当罐压升到0.02兆帕以上时，微微打开排气阀调整罐压，调整在0.02～0.04兆帕之间。

（3）在火焰保护下，将摇瓶菌种接入液体发酵罐中。

（4）标记发酵罐接种日期、接种时间，记录在生产记录本上。

7. 培养

在液体发酵罐发酵的过程中，设置好培养温度即可进入培养阶段。培养品种不同设定培养温度不同（一般在24～26℃），罐压维持在0.03～0.05兆帕，一般品种培养周期为 72～96 小时。空气流量：130 升型培养器每小时空气流量不小于 1.0 立方米。

8. 接种栽培袋

（1）生长周期　一般在液体罐内长好需要 2～4 天，此时菌液颜色变淡，菌球、菌液界限分明，菌液气味变淡了，取而代之的是菌丝的淡淡香味，没有酸臭味。菌球浓度在 70% 以上就可以接袋了。培养 3～4 天。菌球数量为：第一天，菌球数量 20% 左右；第二天，菌球数量 50% 左右；第三天，菌球数量 70% 以上。

培养后的菌种效果应是菌球多、菌液清澈。

（2）接种枪及接种管灭菌　接种枪及接种管提前灭菌准备好：把接种枪枪口及接种管管口用 8～10 层纱布包好，外包牛皮纸。在压力 0.11～0.15 兆帕、温度 121～126℃ 的条件下灭菌，计时 40 分钟。

（3）接袋　取样，保证阀门畅通，在火焰的保护下，将进气管接到进气阀上；调整罐压在 0.05～0.08 兆帕之间；关闭启动开关，打开接种阀，在接种室的接种机前接种。

不能仅靠目测来判断液体菌种的好坏，会造成严重损失。任何一个环节都不能疏忽大意。如液体菌种是否做取样检测、培养料灭菌是否彻底、是否检测pH 数值、培养料灭菌时长、培养料发酵是否彻底、培养料是否变质、母种活性、培养料水分调节是否适合、菌球占培养液的比例，以及菌球大小、数量等问题都需要注意，其实就是要很细心地进行操作和管理。

上述是食用菌液体发酵罐的操作基本流程，每个厂家的工艺流程可能略有区别。液体培养罐的结构功能在不断变化，有单体罐培养、连体罐培养，工艺上也有不断的创新成果。

下面我们对比一下原来与现在的液体发酵罐。

原来与现在的液体发酵罐对比

对比内容	原来的液体发酵罐	现在的液体发酵罐
外部形态与构造	细高	矮胖，都是单层、双层的，便于操作
	没有移动轮子，不易挪动	带有轮子，移动方便
内部构造	需要把空气过滤系统拆掉放到高压锅里灭菌，每次还要进行无菌操作	空气过滤随每次罐体灭菌完成，只需要打开进气阀门即可
操作阀门	操作繁琐，有三个阀门；进气阀门、辅助进气阀门、出菌阀门	一般为一个阀门
培养基	自制蒸煮培养基，较为繁琐	化工原料合成的培养基，操作方便

其实，每个液体发酵罐销售厂家都有售后培训和服务，我们更期待"傻瓜

式"的食用菌液体发酵罐的诞生。

液体菌种检验标准

检验内容		标准要求	检验方法
检验内容		标准要求	检验方法
培养周期		72～96 小时	记录观察
气味		料液前期香甜味较浓,随培养时间的延长会变淡,被菌丝特有味道取代,无异味	嗅觉检验
菌液观察	菌液颜色	颜色纯正,澄清透明,无絮状或颗粒状营养物质;有淡黄、橙黄、浅棕等颜色	肉眼观察
	菌丝形态	粗壮、丰满、均匀,具有锁状联合	镜检观察
	菌球	大小均匀,颗粒分明,周边毛刺明显	静置、放大镜观察
	菌液黏度	增大	静置观察
	pH 值	6.0±0.5	pH 值检测
	菌丝分泌物	无	镜检观察
	杂菌菌落	无	镜检观察

▼ 实用表单

摇瓶菌种培养观察记录表

菌种名称:_____   接种日期:_____   接种人:_____

观察时间	培养温度	转速频率	菌液颜色	菌球形态	pH 值	是否污染	观察员

液体发酵罐制种生产记录表

生产日期: 年   月   日

准备工作	罐体清洗		设备检查		煮罐空消	
准备工作	是□否□		是□否□		是□否□	
					负责人:	
培养基制作	类别	名称		数量		
	主料					
	辅料					
	化学添加剂					
	pH 值					
					负责人:	

续表

灭菌	灭菌温度	灭菌时间	排料次数	冷却时间
				负责人：

接种	菌种名称	接种数量	罐压调整	接种时间
			负责人：	接种人：

培养	培养时间	培养温度	罐压	空气流量
				负责人：

液体菌种培养观察记录表

菌种名称：_____　　接种日期：_____　　接种人：_____

观察时间	培养温度	罐压	料液气味	菌液颜色	菌球形态	pH 值	观察员

项目 8
栽培种的生产

栽培种是将原种接人灭菌的瓶装或塑料袋培养基内培养而成的，也称之为三级菌种。在黑木耳、香菇和平菇等食用菌的生产过程中，栽培种制作的好坏直接关系到出菇阶段的产量和品质，是食用菌生产中最为重要的一道工序。

栽培种工艺流程：原料的选择——→原料的预处理——→拌料——→装袋——→灭菌——→接种——→菌袋培养（发菌阶段）。

知识点 1　培养室的处理

食用菌培养室应根据栽培规模、技术熟练程度等具体情况来确定。一般对于小型农户生产者来说，培养室在 50 平方米以内，防止由于接种技术不熟练造成交叉感染，而且过大也不利于管理。

利用房屋或简易房作为培养室，通风较差，一定要进行改造。在窗子的上方安装排风扇，在房间内放置培养架或者培养绳。培养架规格根据房间大小搭建。简易培养室建在窝风向阳的地方，采用钢筋、木材、塑料大棚膜搭建，一般规格为长 10～20 米、宽 6～8 米、脊高 2.8 米、侧高 2.5 米，棚内摆放培养架。在简易棚的两侧开通风地窗和排气窗，每 30～50 平方米设 1 个地窗和 1 个排气窗；用砖铺地面，并撒石灰粉降湿，做好前期保温和排湿工作。

视频：培养室的处理

对于旧的培养室来说，在每次养菌结束后，都会有杂菌残留、害虫滋生的情况发生。严格意义来说，在菌袋全部运出以后就需要对培养室进行消毒、杀虫处理，减少杂菌滋生和害虫繁衍的机会。第一个适合的消毒时间：

以黑木耳栽培为例，由于农户在黑木耳割口、下地、催芽、管理、采收结束才有时间进行培养室的消毒、杀菌工作，这个时间也正适合。第二个适合的消毒时间：无论栽培何种食用菌，在每年开始生产之前，一般提前1个月左右对培养室进行前期处理，从而为食用菌栽培种的发菌阶段提供适宜的环境。

下面针对不同构造的培养室为大家介绍一下前期处理的工作。

一、处理以木制养菌架为主的培养室

1. 清扫处理

对培养室内的所有垃圾进行彻底清扫。把窗户打开进行通风换气，先从菌架最上层开始，逐层打扫。打扫的时候主要是针对灰尘、培养基碎屑等颗粒物进行清理。如果垫有纸壳、报纸、编织袋等材料，统统都要清理掉，并且不要再对其进行重复利用。

2. 杀菌处理

用5%剂量多菌灵将室内墙壁、地面、棚顶、养菌架的正反面用喷雾器全部喷淋湿透，以木板、立柱、墙壁吸收进药物为宜。用高压刷车泵进行喷刷处理速度快，效果更好一些，原则上一定要喷湿、喷透、不留死角。喷完以后密闭培养室，3天后再次按照上述方法处理一遍。按照40%甲醛10毫升/立方米加入8克高锰酸钾计算用量，进行熏蒸处理，与硫黄熏蒸交替使用效果更好。也可以用其他同类型的杀菌剂。这里推荐甲醛、高锰酸钾、硫黄等药物，可根据自己的实际情况选择（图8-1）。

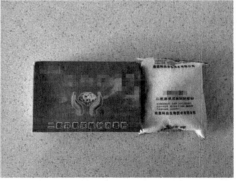

图 8-1 熏蒸杀菌剂

3. 杀虫处理

培养室内的虫害主要是菇蚊、菇蝇、螨虫，还有蛀虫、蚂蚁。市场上销售的杀虫剂主要分为有机磷类和菊酯类杀虫剂，这两类药物对菇蚊、菇蝇、蛀虫、蚂蚁的防治效果都很好。不同的药剂，根据其使用说明书的比例配制以后，对培养室的棚顶、墙壁、地面、菌架的木板正反面、立柱进行彻底喷湿处理两次就可以达到防治效果。

这里需要重点指出的是螨虫防治的问题。螨虫是黑木耳栽培的主要病虫害，而有机磷类杀虫剂对螨虫无效。针对螨虫防治，使用哒满灵烟雾剂熏蒸防治的效果较好。具体使用方法是在 400 平方米的空间内，每次使用 100～250 克，每隔 7 天熏一次，就可以达到杀螨效果。

4. 垃圾处理

室内处理以后还要对室外的垃圾进行彻底清理，包括周围的生活垃圾、废弃菌袋、畜禽排泄物、草料等，都应该及时打扫、清理或者焚烧，让污染源远离培养室。

二、处理以铁（钢）制养菌架为主的培养室

随着食用菌产业的发展，铁（钢）制的养菌架应用得越来越多。其具有防腐能力强、摆放空间大、上（下）架方便和使用寿命长等优点。这类培养室的前期消毒灭虫工作可以参照以上方法进行。但要注意的是，氯化物的消毒药剂对金属有腐蚀性，慎用。

三、处理工厂化培养室

工厂化培养室一般都是不间断循环利用的，因此菌袋出库以后就需要及时打扫卫生，然后进行消杀处理。具体方法是用杀菌药剂按照需要倍数兑水稀释，或者用高压刷车泵对整个培养室内进行彻底清洗，然后再用杀菌、杀虫烟雾剂熏蒸处理。

四、前期处理工作的一些注意事项

（1）严格掌握药品使用量，注意安全防护工作。防止人身中毒事件发生。

（2）养菌室内的养菌架做好检修、固定工作。对于折、断、裂的板材，横梁与立柱，及时更换。立柱下面的地面平整度也需要检查修复，防止进菌以后养菌架倒塌。杜绝安全隐患，无论是大棚培养室还是室内培养室都要严格检修。

（3）使用硫黄、哒螨灵等烟雾剂时注意用火安全，杜绝火灾隐患。

（4）对增温采暖设施进行彻底检修，防止漏烟、冒火情况发生。

（5）检查电线、电源等设施，有易混电、漏电的地方要及时处理，严防用电事故发生。

（6）使用过的药物放置好，标签损毁的要补充标注好。防止人、畜误饮误用。

知识点 2　栽培袋生产

一、原料的选择

目前，我国食用菌生产利用的主要原料均为农业、林业、畜牧业生产的废弃物，如适合栽培黑木耳、香菇等各类木腐菌的原料有棉籽壳、阔叶木屑、麸皮、米糠等；适合栽培双孢菇、大球盖菇等草腐菌的原料有稻草、麦秸、棉秆、牛马粪、鸡粪等。除此以外，人工栽培食用菌还需要添加一些蔗糖、石灰、石膏、磷酸二氢钾等物质，以满足食用菌对营养或环境条件的要求。无论我们选择哪种原料生产食用菌，原料必须满足的基本条件是新鲜、干燥、无霉变。不然很容易造成灭菌不彻底，增加后期的杂菌污染。

栽培种比原种需求量大，所用培养基配方可以和原种一样，也可以有区别。栽培种由于经过两次驯化，其培养基可比原种培养基更加粗放一些。

常用培养基配方如下。

视频：木屑菌种的制作流程

（1）木屑78％、米糠或麸皮20％、蔗糖1％、碳酸钙或石膏粉1％，水适量，pH值6.5。

（2）木屑93％、麸皮或米糠5％、蔗糖1％、尿素0.2％～0.4％、碳酸钙0.4％、磷酸二氢钾0.2％～0.4％，水适量，pH值6.5。

（3）棉籽壳98％、生石灰2％、多菌灵0.1％～0.15％，水适量，pH值6.5。

（4）棉籽壳96％、过磷酸钙2％、石膏粉2％、石灰水0.5％，水适量，pH值6.5。

（5）玉米芯80％、麸皮14％、玉米面2％、石灰2％、过磷酸钙1％、蔗糖0.5％、尿素0.5％、磷酸二氢钾0.2％（或不单独加入）。

此外，还可根据当地农业生产状况，合理选择利用农业生产材料作为主要原料，采用科学的配方，进行合理的培养料配制（图8-2）。

二、原料预处理

（1）木屑的预处理　采用无霉变阔叶树种木屑，不宜采用松树、杉树等针

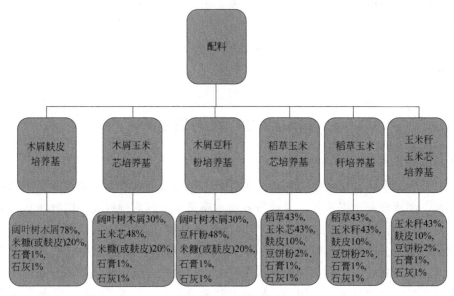

图 8-2　配方示意

叶树种木屑。在黑木耳生产中，粗木屑在拌料之前要提前 24 小时进行预湿处理，期间最好翻堆一次，以保证木屑润湿均匀。有时也加入细木屑，其主要作用是调节栽培料的粗细。但细木屑添加过多容易造成透气性变差，从而影响到菌丝生长。细木屑拌料前不需要预湿处理，与麸皮、稻糠等辅料一同加入搅拌器即可。

（2）农作物秸秆的预处理　在草腐菌及平菇的生产中，常用到农作物秸秆。玉米秸秆、大豆秸秆或玉米芯在拌料前也需要粉碎成 2～3 厘米的小段，也要提前 24 小时预湿处理。稻草和麦秸的表面含有蜡质，用 1%～3% 石灰水在 25℃ 以上时，浸泡 24～36 小时；在 20～25℃ 时，36～48 小时；在 20℃ 以下时，72 小时。浸泡后清水冲洗，pH 值控制在 7.5～8.0。

三、拌料

湿度和酸碱度的控制是拌料环节需要注意的关键问题。将培养料按配方搅拌均匀，加水翻动，使其含水量达到 60%～65%，切勿干湿不均。对于含水量的判断，我们一般以用手握紧料时有水渗出却不滴下来为宜。在搅拌过程中应分次加入石灰，以防止过量加入造成 pH 值偏大，不好回调，每次用 pH 试纸测定，pH 值在 7～8 为宜。在拌料时，用 pH 试纸进行测试。不同食用菌种类需要 pH 值也有所区别，比如在猴头菇的生产中，我们一般不加石灰或加入少量 0.5% 的石灰。

用玉米芯和棉籽壳为主料时，水分应适当多些，含量较少的物质，如糖类、尿素等物质先溶于水中，然后进行拌料。

培养料加水时应考虑：夏天拌料少加水；新鲜料少加水；辅料添加量大时少加水；木屑为主料时少加水。

四、装袋

在食用菌生产中，黑木耳的栽培种一般选用规格为 17 厘米×33 厘米的耐高温聚乙烯袋装料，而香菇采用 50 厘米×15 厘米的聚丙烯袋装料，大球盖菇的栽培种通常用 12 厘米×24 厘米的聚丙烯袋装料。

现在，食用菌生产中装袋多采用装袋机装袋。在黑木耳菌袋装袋时，料高控制在 18～24 厘米。装袋后用窝口机插棒，料要装得松紧适宜，培养料的松紧度一般以五指抓培养袋，中等用力有微凹陷为宜。如果手拿料筒中央，两端下垂，且培养料有明显裂纹，说明太松。如用手用力捏而不凹陷，说明太紧。同时检查菌袋壁有无拉薄、磨损、破口、刺口等现象。

然后将袋口朝下装筐进行灭菌。装袋一定要当天灭菌，不能放置隔夜，以免产生杂菌发酵、腐败。如不能当天灭菌，应放到通风冷凉处过夜。目前，市面上已经有较为先进的自动窝口一体机，能够节省不少人工。

装袋要注意"三个一致"，即高矮一致、松紧度一致、干湿度一致。

五、灭菌

目前，食用菌生产中常用到灭菌设备有常压蒸汽灭菌锅和高压蒸汽灭菌锅两种，即灭菌方式有常压蒸汽灭菌和高压蒸汽灭菌。

（1）常压蒸汽灭菌　是多数菌农常使用的一种灭菌方式，常用自制灭菌灶或立式蒸汽炉。灭菌时要足火中气，开始旺火猛烧，在最短的时间内将锅烧开。始终保持水沸腾，严格要求灭菌锅内温度在 4 小时内达到 100℃，通常在 100～103℃维持 8～10 小时，才能达到灭菌效果。灭菌期间不能停火，也不能掉温，否则重新计时。灭菌结束后自然降温，闷锅 1～2 小时，敞开锅。注意烧锅前补充锅内的水量至充足。

（2）高压蒸汽灭菌　常用圆形卧式高压灭菌器或方形卧式高压灭菌器。高压灭菌特点是温度高、时间短、效果好。一般灭菌时要求达到压力后维持 150 分钟左右。若塑料袋规格大，则灭菌时间相应延长。高压灭菌过程中一定要将高压蒸汽锅内的冷空气排尽，避免因锅体内冷空气排不净影响灭菌效果。

高压蒸汽灭菌要做到"三防"：一是防止中途降温，灭菌时，中间不能停火；二是防止烧干锅，不管是在灭菌前还是灭菌中都要注意锅内注水量必须充足；三要防止灭菌不彻底，装锅过密、装袋量过密等可能出现灭菌不彻底的现象。

六、冷却

灭菌后的栽培种培养袋及时运到无菌冷却室冷却，待料温降低到 27～30℃时，进行抢温接种。

七、接种

接种是食用菌袋栽中非常重要的技术环节。接种质量直接关系到菌袋的成品率。接种过程要严格按照无菌操作要求进行。

（1）接种方式　主要有接种箱接种、接种室接种。

① 接种箱接种：先将冷却好的菌袋放入接种箱，再将所用菌种、接种工具与用具、消毒物品一同放进箱内，用气雾消毒剂熏蒸 30 分钟后开始接种。气雾消毒剂用量为 5 克/平方米，杀死箱内杂菌。接种箱接种比较适合菌农自家小规模生产，是一种原始的接种方式。

② 接种室接种：消毒方法与接种箱相同，但室内接种时要将门窗密封，接种时 2～3 人合作，使用超净工作台、红外线灯、离子风接种器等消毒器。接种过程要求操作快速、准确，以确保接种质量。食用菌栽培种通常采用一端接种，接种后塞紧棉塞。目前，一些大型菌种厂已采用液体接种，接种室洁净化程度较高，室内带有空气过滤系统，接种效率和成功率较高，每天可生产几万袋以上。

（2）接种过程　接种前、出锅后的菌袋一定要冷却到 30℃以下，实际生产中抢温接种效果更好，利于萌发。抢温接种温度不可过高或过低，在 27～30℃时最为适宜。

接种前将选好的二级菌种，用 75％的酒精棉擦拭外壁，并对瓶盖或袋壁进行消毒处理，以防开盖时杂菌进入瓶内；然后在酒精灯火焰上方拔出原种瓶棉塞或揭开封口塞，将接种口对着火焰无菌区，同时将接种用具用酒精灯灭菌数次，用接种匙去掉瓶（或袋）菌种表面的老菌皮，再将菌种挖松并稍加搅拌（注意菌种应挖成玉米粒大小，不宜过碎），然后接种。

一般栽培种接种三个人进行配合，一人负责消毒及挖菌种，一人负责拔棒和把持菌袋，第三人负责下袋和封口。

注意：接种期间要经常对工具进行火焰消毒。

八、菌袋培养

接种后的栽培种要转移至培养室进行养菌，温度控制在 22～25℃，相对湿度 50％以下，前期温度可升高 1～3℃，利于菌种萌发吃料，然后每隔 10 天降低 1℃，至长满袋（瓶）。要注意通风换气，后期温度控制在 17～20℃。黑木耳、猴头等菌类一般采用层架单层立式摆放，如卧式摆放 3 层即可；香菇菌棒一般采用"井"字形堆放，每层 3～4 袋，叠放 8～10 层。养菌期间，要经常挑除杂菌菌袋，防止污染加重。一般培养 40 天左右菌丝可长满菌袋，形成栽培种成品。

菌袋的摆放层数和摆放方式可以根据室温而定。低温季节室温较低摆放层数可以多些；高温季节菌袋需要"井"字形摆放，或者减少摆放菌袋数量，以利于菌袋间通风降温，避免高温危害。为了使养菌室的菌袋发菌速度相对一致，可以在上架子时先摆放下层菌袋，以保证发菌一致。

注意避免培养室高温，料温迅速上升可引起高温障碍。

栽培种检验标准

检验内容		标准要求	检验方法
容器		完整、无破损	肉眼观察
无棉体盖		洁净、干燥、可满足透气和滤菌要求	肉眼观察
培养基上表面距袋口的距离		5 厘米左右	目测观察、测量
接种量		每支原种可接栽培种 50～60 袋	肉眼观察
菌丝外观观察	菌丝生长量	长满容器	肉眼观察
	菌丝体特征	生长旺健、菌落边缘整齐、颜色（依菌种不同有差异）	肉眼观察
	菌丝体表面	生长均匀、色泽一致、无高温圈	肉眼观察
	培养基表面分泌物	依菌种不同而有差异	肉眼观察
	拮抗及角变现象	无	肉眼观察
	子实体原基	依菌种不同而有差异	肉眼观察
	杂菌菌落	无	放大镜观察
	虫（螨体）	无	放大镜观察
	菌皮	无	肉眼观察
气味		具有食用菌特有香味、无异味	嗅觉检验

实用表单

栽培种生产记录表

生产日期：　　年　月　日

	类别	名称	数量
备料	主料		
	辅料		
	化学添加剂		

负责人：

续表

拌料	水： pH 值： 含水量： <div align="right">负责人：</div>					

装袋	数量		袋
		<div align="right">负责人：</div>	

灭菌	灭菌方式	入锅时间	开锅时间	停火时间	出锅时间	冷却时间
	高压灭菌					
	常压灭菌					
	<div align="right">负责人：</div>					

接种	接种室	消毒剂名称	消杀方式	消杀时间
	接种数量		袋	
	<div align="right">负责人：</div>			

培养	温度/℃	湿度/%	光照/1x	CO_2/%
	摆放方式			
	<div align="right">负责人：</div>			

栽培种培养观察记录表

菌种名称：_____　　　　　接种日期：_____

菌种数量：_____　　　　　接种人：_____

观察日期	培养天数	培养温度/℃	湿度/%	通风时间	污染数量	观察员

模块三

常见食用菌优质栽培技术

项目9
黑木耳优质栽培技术

一、概况

黑木耳，俗称黑耳子、黑菜，简称木耳，是我国著名的食用菌之一，是宴席上的山珍、佳肴，也是烹调各种高级菜肴的佐料，深受消费者欢迎。

黑木耳由菌丝体和子实体组成，菌丝再由许多具横隔和分枝的细绒毛状菌丝组成。菌丝不爬壁，在试管内紧贴培养基表面匍匐生长，生长速度中等偏慢，有分支（图9-1）。菌丝分单核菌丝和多核菌丝，菌丝粗细不均常出现根状分枝。

图 9-1　黑木耳菌丝

图 9-2　黑木耳子实体

黑木耳的子实体是食用部分。子实体色泽黑褐，初生时为杯状，后渐变为叶状或耳状，半透明，胶质有弹性；干燥后缩成角质至近革质，硬而脆。耳片分背腹两面，朝上的叫腹面，也叫孕面，生有子实层。子实体成熟时，子实层能产生大量担孢子（即种子）呈白粉状，表面平滑或有脉状皱纹，呈浅褐色半透明状。朝下的为背面，也叫不孕面，凸起，青褐色，有绒状短毛。子实体单生或叠生，一般直径为4～10厘米，厚2毫米左右（图9-2）。

目前黑木耳有两种栽培方法，为段木栽培和代料栽培。段木栽培是一种古老的栽培方式。到 20 世纪 90 年代中期，黑龙江、吉林两省开始发展代料栽培黑木耳，主要采用露地栽培，后来又发展到棚室挂袋栽培两种模式。这两种模式都属于代料栽培。近年来，随着菌包工厂化、技术标准化、生产规模化、产品质量化的发展要求，栽培管理技术在不断改善，发展出利用喷灌补充水分、刺孔见光催耳、露地摆放或棚室立体挂袋等先进栽培技术。黑木耳产量也逐年提高。

黑木耳栽培主要分布在我国黑龙江、吉林、湖北、广东、广西、四川、贵州、云南等地。其中黑龙江省是栽培黑木耳的种植大省，具有中国最大的黑木耳交易市场。

二、常见栽培品种

近十年来，各地在生产实践中均筛选出一些适合代料栽培的菌种。根据黑木耳吸收营养规律和对环境条件的要求，利用北方早春昼夜温差大的气候特点生产优质黑木耳。当前栽培黑木耳的品种很多，品种性状大多黑、厚、抗杂强、单片状。

1. 黑 29

东北单片黑木耳的典型代表品种，是北方地区声誉最好、性状最稳定的品种；通过省和国家认定（国品认菌 2007018），获得黑龙江省科技进步奖，被评为高新技术产品和全国名牌产品。"黑 29"已商标注册。特点：单片、无根、碗状、黑灰色、筋脉粗大，正反面差别明显；晚熟、耐高温、抗杂性强、高产稳产，适合春秋两季栽培（图 9-3）。

图 9-3 黑 29

2. 黑威 9 号

该品种为国家认定品种（国品认菌 2007021）。其子实体簇生，牡丹花状；大片型，耳根较小，耳片呈碗状；有耳脉；正反面差异大，腹面黑色、有光泽，背面灰褐色，为晚熟品种，耐高温、抗杂强。

3. 黑威 10 号

该品种为国家发明专利（ZL 2010 10101529.4）和黑龙江省审定品种（黑登记 2015052）。特点：根小片大，碗状圆边，背面筋脉明显，正反面差别大，中晚熟、出耳快、整齐、出芽率高，大口和小口出耳皆宜，产量高，单袋平均

50 克（1 两）以上（图 9-4）。

4. 黑威 11 号

该品种为国家认定品种（国品认菌 2016003）。特点：单片，耳片舒展，片大，无根，颜色黝黑，肉质肥厚，边缘整齐，筋脉明显；中晚熟品种，出耳整齐，耐大水、耐高温，抗杂能力强，高产。

图 9-4　黑威 10 号　　　　　　　　图 9-5　黑威 15 号

5. 黑威 15 号

该品种为高产优质新品种，2014 年获国家发明专利（ZL 2014 10004033.3），2015 年通过黑龙江省品种审定（黑登记 2015053）。特点：单片、碗状、大筋脉、黑灰色；出耳较"黑 29"早 7～10 天，出耳整齐，单片率高，适合钉子眼和大棚出耳；抗杂能力强，产量高，平均每袋 50～60 克，最高达到 75 克（1.5 两）（图 9-5）。

6. 黑威 981 号

该品种为国家认定品种（国品认菌 2008018）。特点：大片，无根，碗状，圆边，黑灰色，正反面颜色差别大，木耳商品性好；中晚熟品种，耐高温，耐大水。

7. 黑威单片

该品种为单片、无筋型新品种。特点：单片、无根、耳片平滑、无筋或少筋、肉厚、边缘圆整；干耳腹面黑色、背面灰色，易形成茶叶菜，商品性极佳；中晚熟、耐高温、耐大水，抗杂性强，适合小口和大棚出耳（图 9-6）。

8. 黑威伴金

该品种为单片、半筋型新品种。特点：单片无根、鲜耳碗状、圆边、筋脉少（半筋）；干耳形好，易卷边，黑灰色，商品性好，售价高；中熟品种，出芽快、整齐；耐水、抗杂，适合大棚挂袋和地摆（图9-7）。

图9-6 黑威单片

图9-7 黑威伴金

9. 牡耳1号

黑龙江省农业科学院牡丹江分院食用菌研究所选育黑龙江省审定品种（黑登记2013056）。该品种呈单片，无根，少褶（俗称半筋品种），耳片边缘整齐，弹性好，腹背两面色差明显，耳片颜色为黑色，肉厚、口感好，商品性好，正常管理平均每袋产干耳50克［图9-8(a)］；适合地栽和棚室立体吊袋栽培等模式［图9-8(b)］。

(a)单株

(b)棚室吊袋

图9-8 牡耳1号

10. 牡耳2号

黑龙江省农业科学院牡丹江分院食用菌研究所选育黑龙江省审定品种（黑

登记 2016053)。该品种子实体单片、根小、黑厚、碗状、圆边、多褶（俗称多筋品种、大筋品种）；干耳正反面明显，弹性好，胶质成分丰富，正常管理平均每袋产干耳 60 克 [图 9-9(a)]；适合地栽 [图 9-9(b)] 和棚室立体吊袋栽培等模式。

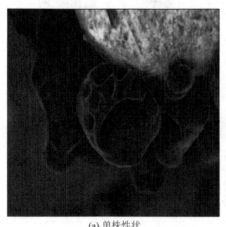

(a) 单株性状   (b) 地栽

图 9-9 牡耳 2 号

知识点 1 小孔黑木耳露地优质栽培

黑木耳的露地栽培，主要以全光照管理为主，就是没有任何遮阴物，这样既保证了黑木耳子实体对光照的需求，使其颜色黑亮，又防止了弱光造成杂菌滋生，还有效地减少物资投入，这些都是当前露地栽培木耳的优势。

小孔黑木耳露地袋栽技术简单易学，并且高产、高效。工艺流程如下：

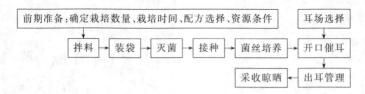

一、栽培数量和时间

1. 栽培数量

5 万袋。

2. 确定栽培时间

黑木耳属于中温型食用菌种类，出耳温度在 22～25℃ 为最适宜。根据当地气候条件，适当安排栽培季节，是黑木耳优质高产的保证。黑龙江省以春季栽培出耳为最佳季节，因春季栽培出耳，菌包制作是在冬季完成，污染率低；而秋季栽培出耳，菌包制作时间正处于高温高湿季节，养菌管理难度较大，菌包污染率相对较高。

（1）栽培季节　黑木耳栽培分春季栽培和秋季栽培两种。东北地区春季栽培1月开始制原种，2月制栽培种，4月中下旬即可下地催耳芽，4～6月开始展耳，7月上中旬出耳结束；秋季栽培7月制袋接种，8月中上旬即可下地催耳芽，9～10月开始展耳，10月上旬出耳结束。根据当地气候条件，适当安排栽培季节是地栽黑木耳优质高产的前提条件。

（2）生产周期　一级菌种（母种）接种二级菌种（原种）需要提前15～20天接种。原种接种三级菌种（栽培种）需要提前30～40天。栽培种发菌需要提前50～60天。实际生产中根据生产数量和日生产量来确定制备菌种的时间。栽培种一般发菌期45～50天，后熟期5～7天，催芽期7～10天，采耳期45～60天。从栽培种到采收需要130天左右的时间。

（3）开口催耳时间　春季日均气温10～13℃，为开口催耳芽的有利季节。若晚于5月初开口催耳芽，其子实体旺盛生长期正遇高温高湿季节，不仅菌袋易污染，而且在栽培后期子实体易得流耳病*，从而降低产量，甚至绝产。

二、资源条件

原材料（主要有木屑、麸子或稻糠、豆粉、石灰、石膏等）、水、装袋设备、灭菌设备、接菌设备、供水设施、晾晒区、耳场、电动打孔器、菌袋传送带、易耗品（托盘、编织袋、刀片、温度计、湿度计、编织袋）等。

三、投资金额

菌种、原材料投资7.5万元；设备投资10万元（设备按照五年使用年限，每年设备投入2万元）。

四、技术要点

（一）制备优良菌种

黑木耳的菌种，一般选择菌丝体生长快、粗壮、菌龄合适、纯正无污染的菌种。栽培种的菌龄在30～45天为适宜，这样的栽培种生命力强，可以减少培养过程中被杂菌污染，也能增强栽培时的抗杂菌能力。

（二）菌种数量的计算

1支试管母种可转接60～100支试管再生母种，1支试管再生母种可接原

---

* 流耳，耳状食用菌类栽培病害。指黑木耳、银耳等子实体组织破裂、分解变软，水肿糜烂，向外流渗黏性胶液，造成严重减产。

种 8～10 瓶/袋，1 瓶谷粒原种一般可接 50～70 个栽培袋，1 袋木屑原种一般可接 100 袋左右栽培袋。根据计划生产栽培袋的数量，计算所需要的母种、原种数量。有计划地制备抗杂能力强、生长速度快、菌龄适宜、纯正、无污染、适宜当地栽培条件的优良菌种。

（三）配方、拌料、装袋、灭菌、接种与培养

1. 配方

下面介绍常用适合黑木耳生产的替代料配方：

阔叶杂木屑 86.5%、麦麸或米糠 10%、豆粉 2%、石膏粉 1%、生石灰 0.5%。

黑木耳栽培多用硬杂木粉碎木屑，养分含量较高。

视频：黑木耳
培养料配方

2. 拌料

将以上培养料按比例称好，过筛子后用拌料机混拌均匀，把糖溶解在水中倒入培养料中，加水翻拌，木屑和辅料必须搅拌均匀，含水量在 60%，不能过干或过湿。一般掌握标准是 16 厘米×37 厘米的菌袋装高为 22 厘米，重量为 1.25 千克，pH 值为 7，准备装袋。

视频：黑木耳
拌料标准

3. 装袋

混拌好的料要立即进行装袋，尤其是在温度比较高的季节，否则容易腐败变酸。

拌好的培养料用装袋机装入 16 厘米×37 厘米的聚乙烯塑料袋内，每袋重 1.1～1.2 千克。装好的袋要保持外表面干净；再用窝口机窝紧袋口，塞上塑料棒或者木棒。

4. 灭菌

装袋后尽快灭菌，常压灭菌要在 5 小时内将灭菌锅内温度提高到 100℃，并保持 8～10 小时，再闷锅 4～6 小时。灭菌过程必须要保证温度均匀，排净冷空气。一般冷气聚集于灭菌锅的底部及角落位置，如不排净，会造成局部温度达不到 100℃，培养料不能做到灭菌彻底而造成严重污染。所以灭菌锅底部必须设有排气装置，不能认为只上部排气就可以了。简易灭菌锅因其是底部压沙袋封闭，所以冷空气排空较顺利，会灭菌更彻底。现在，智能灭菌锅都带有温度实时监控系统，保证灭菌彻底。

视频：黑木耳灭菌、接种与养菌

高压灭菌要选用合理的菌袋，进行高压试验后才可以大量生产，一般在 3

小时内温度达到120℃，保持3小时，并保证放净冷空气。

灭菌后的菌袋要进行净化冷却，防止二次污染，所以现在进行工厂化菌包生产，成品率高。净化冷却多采用二级冷却法，先进行轻度自然冷却，使菌袋温度缓慢降低，逐渐降到80℃左右；再进行强制冷却，短时间内达到接种温度，袋内温度28℃左右。

灭菌是否彻底是控制发菌期间污染率非常重要的环节，因此，在灭菌时升温必须要快，保温时间必须要准。无论采用哪种灭菌方式，袋料灭菌都要彻底。

5. 接种

生产量小时，接种多采用接种箱进行接种，效果良好，但是费时费力，增加劳动成本。如果生产量大，可以采用开放式接种的方法，即在养菌室提前用消毒药剂进行熏蒸或者用药剂喷雾进行消毒处理后，利用无菌操作进行接种上架的方法，节省劳动工序和成本。在生产量达到一定规模后，可以采用带有皮带传送的接种室进行封闭式接种，可降低劳动成本、大大提高工作效率、优化生产工艺，但设备成本会增加。无论用哪种方法接种，都要严格进行无菌操作，提高接种成功率。

采取以上的接种方法，待袋温下降到30℃左右时要"抢温"接种，减少感染机会。还可以接种量大些，缩短菌丝长满表面的时间，也减少杂菌感染的机会。

6. 菌丝培养

接种后的菌包要及时移入培养室，立放或卧放在培养架上，进行菌丝培养。适宜的温度是黑木耳菌丝健壮生长的首要条件，在培养中各个阶段都要进行温度调整，重点是防止高温危害。同时要保证足够的氧气和黑暗的条件，促使菌丝生长旺盛，生命力强、出耳力足，这是培养优质黑木耳栽培袋、取得高产的重要环节。如果管理得不好，就会造成杂菌滋生，甚至绝产。

（1）室温调节 黑木耳为中温型食用菌。在发菌的条件中，温度是最重要的因素。实践管理中，应变温培养即"先高后低"，有利于菌丝生长和减少杂菌污染。培养前期，即接种后15天内，培养室的温度以25～28℃为宜，在适温范围内偏高些，使刚接种的菌丝慢慢恢复生长，有利于菌丝复活、定植，降低污染率。培养中期，木耳菌丝生长已占优势，温度控制在25℃左右，防止烧菌，促进菌丝加快生长、吃料快。培养后期，即菌丝吃料2/3袋时，当菌丝快要发到袋底部，再把温度降至18～22℃，菌丝在低温下会生长相对健壮。当菌丝长满袋时降温至20℃左右，继续培养10天左右，使菌丝由营养生长转入生殖生长，多积累养分，使子实体良好生长发育，提高产量。由于袋内培养料温度往往高于室温 2～3℃，所以培养室的温度不宜超过 25℃。特别是在培养后期，即菌丝长到培养料高度约 1/2 以上时，若温度超过 25℃，袋内会出现黄水，容易造成霉菌感染。

（2）湿度调节　培养前期，即接种 3～5 天，培养室空气湿度尽量干燥，防止棉塞上滋生杂菌。菌丝体发育阶段，要求培养料含水量在 60%～70%。拌料时加水至适量，一般可满足菌丝体发育的需要。

（3）空气调节　黑木耳整个生长发育过程中，要创造一个空气清新流通的环境，以保证有足够的氧气来维持正常的代谢作用。发菌期间要注意通风换气，适当增加通风时间和次数。培养室内二氧化碳的浓度，即管理者进入培养室不感到憋闷和异味为好。

发菌前期不通风或少通风，发菌中后期加强通风换气，即在发菌的整个过程中，通风量由少至多，保持室内空气新鲜。

（4）控光调节　光线是形成子实体的重要因素，为了使培养菌丝阶段不形成原基，培养室应保持黑暗或极弱的光照强度。菌丝生长不需要光，光强菌丝易老化，并易在袋内长耳芽，所以菌丝生长必须在完全黑暗条件下培养。

（5）空间消毒　菌袋进入发菌室之前，提前 5～7 天对地面、墙壁、床架进行熏蒸和表面消毒。菌袋培养中，每隔 8 天左右要进行一次空间消毒，可在培养室内喷洒 0.2% 多菌灵或 0.5% 高锰酸钾溶液，以降低杂菌密度。同时，在通风口和四周撒一些生石灰，使周围的环境呈碱性，抑制霉菌的繁殖；也可以在室内放臭氧机，每隔一段时间打开杀菌。目前，尚无有效的治好措施，应坚持"以防为主，综合防治"的方针。

（6）杂菌袋处理　培养料中的木屑会把袋刺出肉眼看不见的小孔，杂菌孢子也会由此而进入，增加感染率。因此，在培养过程中尽量少动，在检查杂菌时，一定要轻拿轻放，发现杂菌应及时取出，另放在温度较低的地方，继续观察。若污染程度比较轻，可涂甲醛药液或 3%～5% 的来苏尔、0.1% 高锰酸钾、75% 酒精到杂菌处，并用小块胶布把针眼贴住，可控制杂菌继续蔓延。

一般接种后 3 天菌丝开始生长，5～7 天吃料，10～12 天封住培养面并开始向下延伸，30～40 天菌丝长满袋。工厂化液体接种菌包一般培养时间 20～30 天会长满菌袋。为了促进菌丝生理成熟，待菌丝长满袋后可继续培养一段时间，称为后熟期。后熟期一般为 15～25 天。因此，实际生产上整个菌丝培养需要 50～60 天的时间。

（四）耳场选择

选择通风良好，阳光充足；近水源，水质好；清洁卫生，无污染源，防涝的田块。在耳场建畦床，宽 150～200 厘米，长不限，畦床面整平并压实。畦床间距 40～50 厘米，并挖 15～20 厘米深的沟，作为排水沟和工作道。沿着床面设 1～2 条软质自动喷雾管，用于出耳期进行喷水管理。

视频：黑木耳耳场选择与开口催耳芽

在耳袋排场前两天，床面喷除草剂，撒上石灰粉。再在畦床表面铺上 1 层黑木耳专用塑料打孔薄膜或地布，既可防止杂草，又可防止雨水将泥沙溅于耳片上，提高商品品质。

（五）开口催耳芽

1. 打孔

采用打孔机打孔。黑木耳菌包开口形状主要有"1"字形、"Y"三角形或"O"圆钉形小口。从生产试验中可以看出，开"1"字形口，单片率高、出耳齐，易于管理，表现较好。根据不同品种和不同时间，催芽选择不同的开口形状。

单片黑木耳生产应选择打小钉子孔或小"1"字孔的打孔机，这样每个孔只出一片木耳，耳片小、单片、无根质量好；也可以采用打三角锥的打孔机打孔；还可以打圆钉孔，但是这种孔的出耳管理较难，容易憋芽，管理不当会造成出耳产量低。一般 16.5 厘米×33 厘米或 17 厘米×33 厘米的袋子，每个袋子打孔 160～180 个为宜，小孔间距 2.0 厘米，孔径 0.4～0.6 厘米，深度 0.5 厘米。开口过大，木耳易连片成朵；过小，容易憋牙，出耳较慢。

2. 催耳芽

最佳的开口催芽时间：北方春耳最佳开口时间为 4 月下旬前后，在日最高温度稳定在 10℃ 以上时进行打孔；秋耳开口时间在 7 月中旬。

室外耳床直接集中催耳芽时，待菌袋开出耳口，相邻两床的菌袋并在一个床上摆放，上盖塑料膜，膜上盖草帘，注意保湿控温，湿度控制在 80%～85%，白天通风 20～30 分钟，湿度不足时向地面浇水。床内温度超过 25℃ 时应加大通风降温，或向草帘上喷水降温，如果温度仍然不下降就应分床，否则耳芽出齐后再分床，容易发生伤心的情况。在适温下 15～20 天时开口处可见小黑点（黑线）产生，并逐渐长大，形成耳芽（幼小子实体）。将产生黑线的菌袋袋口向下摆放于畦床中，袋间距 10～12 厘米，150 厘米宽的畦床横摆 7 袋，200 厘米宽的畦床横摆 10 袋，每平方米可摆放 18～20 袋。一亩地可摆 1 万袋左右（图 9-10）。

待耳芽形成后，要及时分床。可揭去草帘和塑料膜，按照一床分三床，菌袋间距10厘米，"品"字形摆放。菌袋摆放要稳固，避免菌袋歪倒。避免床面积水，造成青苔滋生。

摆出的菌袋要适当晒袋和浇水。浇水用洁净的地下水，最好晾晒1小时后再用，可以建两个蓄水池轮换浇水。山区或洁净的河流可以作为喷灌用水，要对泥沙进行过滤后再使用。

图9-10　黑木耳催耳芽

喷水设备可以用微喷管、折射喷头等，保证摆放区内没有浇水死角。

（六）展耳期管理

地摆木耳主要根据天气管理，每天关注当地天气预报。

视频：黑木耳出耳管理、采收与晾晒

在生长期阶段：耳芽呈绿豆大小后，进入需水关键期，浇水做到"三看"。

一是看天，做到晴天多浇、阴天少浇、雨天不浇。一般情况，浇10分钟停40分钟，用雾状水。4:00开浇，浇到9:00停水；17:00开浇，浇到20:00停水。这也不是固定浇水时间，也可根据实际情况，争取做到22～25℃浇水的原则。期间是间隔浇水，不是连续浇水。特别热的白天不易喷水。

二是看温度，温度超过25℃停止浇水，避免出现高温高湿条件，造成病虫害发生。结合"干长菌丝湿长耳"的原则进行干湿交替管理，做到温度与湿度协调统一。

三是看耳片，根据耳片生长状态确定浇水时间和浇水量。木耳子实体为胶质体，吸水进程慢，可采用间歇式浇水，当耳片充分展开，呈半透明状，有弹性，表面光亮，满足生长需求时要及时停水，不可过量浇水，否则会造成耳片过度吸水而出现流耳现象。在耳片形成初期，喷水要勤喷、轻喷、细喷，使空气相对湿度在85%～90%，保持耳片湿润不卷边为宜。当耳芽长至扁平或圆盘状时，应适当加大喷水量，提高空气相对湿度达90%～95%，防止耳片蒸腾失水，促进耳片迅速生长。

耳片成熟前，宜减少喷水，晚上喷水1.5～2.0小时，早晨喷水0.5～1.0小时，白天不浇水。空气相对湿度降至75%～85%。当耳基和耳片生长缓慢时，应停止喷水3～5天晒袋，使菌丝休养生息、积累养分，然后再喷水促进耳片生长发育，这样干湿交替管理，有利于耳片生长发育，并降低污染率。

注意：长时间处于潮湿状态会造成红根、流耳现象的发生。

（七）采收与晾晒

1. 采收时期

在耳芽形成后 15～20 天，耳片充分展开，子实体成熟即可采收。当耳片长至 3～5 厘米时就可以采摘，做到"采大留小，分次采摘"。采摘前一天下午停水，当天没采完的，晚上浇水，保证耳片正常生长。

2. 采收标准

耳片充分舒展变软，颜色变浅，耳基收缩，耳边内卷，肉质肥厚，腹凹面见白色孢子粉，应及时采收。

3. 采收后晾晒

采收后木耳要及时晾晒。黑木耳晾晒是提升质量标准的重要措施之一，在做到及时采摘的前提下，晾晒决定品质。首先要在采收前减少浇水量，使木耳边缘内卷，有利于采摘（图 9-11），采后的黑木耳先按照单层薄放在晾晒床上，互相不挤压状态，待边缘干硬时可集中晾晒，加厚晾晒厚度，厚度保持在 8～10 厘米，并进行翻动，使耳片呈贝壳形（图 9-12），也就是说晾晒后期阴干为好。当耳片水分低于 13％时要及时装入透气丝袋中，放到冷凉、通风、黑暗的库中存放，并做好防潮。定期检查，发现有潮湿时要及时放晾晒床通风。

图 9-11　采收期黑木耳

图 9-12　晾晒黑木耳场地

采收后的菌袋，停止直接喷水 4～5 天，让菌丝积累营养，经过 10 天左右培养使菌丝恢复。当第二潮耳芽形成，进行展耳管理（同第一潮），可采收第二潮耳。以此类推，继续管理采收木耳，使生物转化率（产量）达到最大。

（八）包装与销售

黑木耳成品为干品，可以用编织袋混等出售；也可以分级挑选，用包装袋和包装箱精量包装销售，增加收益。北方地栽黑木耳品质好、销路畅、市场需求量大。黑木耳干品可以直接批发到黑木耳经销大市场，也可以精量包装的可以联系到省内外超市通过农超对接销售。

五、效益分析

地栽黑木耳每袋平均成本为 1.5～1.7 元，主要由菌种、菌袋、锯末、营养添加料、地膜、遮阳草帘、接菌消毒设备、燃料、人工费等费用构成。每袋黑木耳平均产干耳 40～50 克，按照近两年每 500 克中等质量平均收购价 35 元计算，单袋产值在 3.5 元，产生毛利润 1.0～2.0 元/袋，扣除年机械损耗，单袋纯利润约为 0.5～1.0 元。生产 5 万袋黑木耳占地 5 亩地的常规标准计算，可实现纯利润 25000～50000 元。

六、风险规避

地栽黑木耳存在的最大风险就是杂菌感染，解决的办法就是严格执行无菌操作，每个生产环节都按规范实施。对有感染的菌袋，轻者隔离管理，并准确诊断杂菌种类和感染原因，采取物理和化学手段加以改善；重者原地深埋处理。只要在栽培过程中认真按照栽培要点规范生产，就会防止感染发生，从而获得最大的经济效益，降低风险。

知识点 2　黑木耳大棚吊袋优质栽培

黑木耳棚室立体吊袋栽培模式具有保温保湿性好、对空间的利用率高、子实体性状好、管理效率高、抗极端天气能力强等特征，具有省水、省地、省工等优点。该模式比露地栽培春耳能提前一个月采收，产品上市早，品质好，价格高；比露地栽培秋耳采摘期能延后一个月，生长周期长、产量高。棚室吊袋黑木耳栽培能够对温度、湿度、光照等自然条件进行可控性调节，抵御连绵阴雨等自然灾害，满足黑木耳生长所需要的条件。低温时可以覆盖塑料布增温；高温时可以覆盖遮阳网挡光和棚顶浇水降温；通风不良时可以使用风扇通风换气。完善棚室的构造、添加卷膜、雾化、降温、程控等配套设施，可实现自动化程控管理，提高了黑木耳标准化管理水平，推动了黑木耳产业水平的全面提高。但黑木耳吊袋栽培对菌包质量要求高：袋料不能分离，不能有杂菌感染，规格必须一致，管理技术难度大。工艺流程如下：

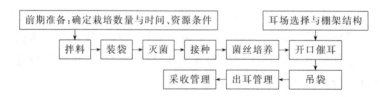

一、栽培数量和时间

栽培 10 万袋；比露地黑木耳栽培早一个月下地进棚。

大棚吊袋木耳栽培时间计划（以黑龙江省牡丹江市为例）。

春季栽培：2 月下旬～3 月上旬扣大棚塑料薄膜，增温快；3 月中下旬菌袋从养菌房搬进棚内，开口催芽；4 月上旬开始吊袋，展耳管理；4 月下旬～5 月初耳片基本展开，开始采摘；6 月下旬～7 月上旬采收结束，进行晒袋越夏管理。

秋季栽培：栽培菌袋接种期在 3～4 月，菌袋培养期及后熟期在 5～6 月，7 月下旬～8 月上旬进棚开口催芽和展耳管理，10 月下旬～11 月上旬采收结束。

二、资源条件

木耳吊袋塑料大棚、卷膜、雾化喷头、程控等配套设施及材料；原料晾晒厂、制袋原料、水、菌种等；养菌室、培养架、晾晒架等。

制袋原材料主要有木屑、麸子或稻糠、豆粉、石灰、石膏等；设施设备包括拌料装料设备、灭菌设备、接菌设备。

三、投资金额

（1）制袋成本　栽培 10 万袋黑木耳，原材料与人工成本投资每袋 1.5 元左右，总计菌袋投入 15 万元。

（2）吊袋大棚成本　建造吊袋大棚每栋 1.8 万元，需要 5 栋大棚，总计 9 万元。

（3）年易耗品成本　棚膜、遮阳网、水带等属于年易耗品，每年投入 1 万元。

四、技术要点

（一）养菌

养菌管理期管理同露地黑木耳栽培管理完全一致。吊袋黑木耳栽培比露地黑木耳栽培提前一个月进行制袋。

（二）耳场选择与棚架结构

栽培场地选择在通风良好、向阳、近水源、水源充足、周围无污染源、不存水、不下沉、地面平整的地块。立体吊袋大棚可用钢架结构或木结构搭建。钢架结构材料有镀锌钢管材质和钢筋材质。大棚跨度 8～12 米、棚架高 2.8～3.5 米、肩 1.8～2.0 米为宜，长度依据栽培场地和栽培数量而定。一般 130 平方米的大棚可吊菌袋 1 万袋左右。一般要求为南北走向，

视频：黑木耳棚室吊袋立体栽培技术

大棚两头开门，门宽 2 米以上，利于通风和降低棚内的相对湿度，南北走向的大棚，菌袋受光较好（图 9-13）。

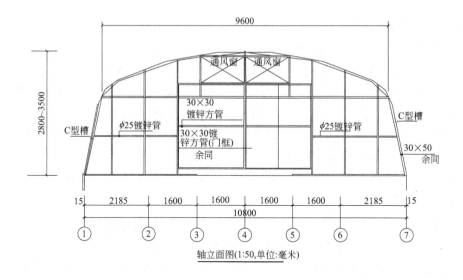

轴立面图(1:50,单位:毫米)

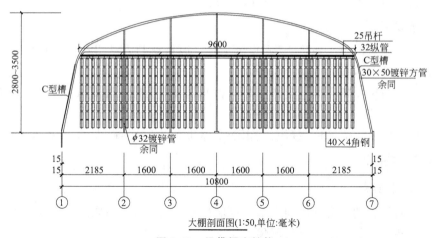

大棚剖面图(1:50,单位:毫米)

图 9-13 吊袋棚室结构

　　棚内架上每隔 25～30 厘米放一横杆,用于拴绑吊绳。每两个横杆为一个吊袋小区,小区间过道 0.6～0.7 米,在区间过道中间铺 3 厘米厚沙子。在过道上、下各铺喷水管线 1 条,上部每隔 120 厘米安装一支微喷管,微喷管交错排列,然后安上雾化喷头,下部安装微喷水带。棚上及四周设有塑料薄膜及遮阳网或草帘。待立体吊袋大棚框架搭建完毕后,在地面上垫 1 层草帘或遮阳网,防止浇水时泥沙溅到耳片上,也便于采收。早春栽培应在大棚的顶部及四周全部覆盖 1 层塑料膜,塑料膜上再盖上 1 层遮阳网(遮阳度 85%～95%),用于保温、保湿、遮阴和防止降雨过量。将大棚密闭,用菇宝熏蒸消毒。

（三）催耳芽

大棚吊袋木耳春季栽培，下架催耳芽可以提前进行，解决了夏季遇高温气候不宜管理的难题。

春季催耳芽，可以直接在黑木耳大棚内进行开口。开口后将菌袋码垛放在大棚内，一般4～5层菌袋高为好，避免堆温过高。无论是春季还是秋季吊袋黑木耳栽培，大棚内温度控制是决定成败的关键，尤其是菌袋密度高的情况下要严格控制温度，防止高温"烧菌"，"烧菌"的菌袋再遇高温高湿很容易造成一片绿霉污染。

大棚覆盖遮阳网遮阳，要求散射光照射，加大棚内空气相对湿度，达到80％左右，持续5～7天，使菌袋菌丝封住出耳口，即耳线形成，可吊袋进行展耳管理。

（四）吊袋

菌袋形成耳线后，可以进行吊袋。吊袋方式有三种，串糖葫芦式、鱼骨刺式、蜂窝网格式。吊袋菌包要求无杂菌感染，先挂两边，后挂中间。4月末在温室内吊袋。

在棚内框架横杆上，每隔20～25厘米处，按"品"字形系紧2根（或3根）尼龙绳，并在底部打结（图9-14）。然后把已割口的菌袋袋口朝下夹在尼龙绳上，并在2根尼龙绳上扣上两头带钩的5厘米长的细铁钩即可吊完1袋，第2袋按同样步骤将菌袋托在细铁钩或三角圈上（图9-15和图9-16），以此类推一直到吊完为止。一般每组尼龙绳可立体吊8袋。菌袋离地面30～50厘米，利于通风，防止产生畸形木耳，提高产量。

图9-14 黑木耳菌包吊袋

图9-15 铁钩

图9-16 三角圈

吊袋后盖棚膜，并覆盖草帘遮阴，要求散光照射，争取白天室内保持21～22℃、夜间17～18℃，温度低时，可生火增温。

(五)展耳期管理

菌袋开始挂袋2～3天内，不可以浇水，温度要靠遮阳网和塑料薄膜调节，使温度控制在20～25℃。往地面上浇水，使棚内空气相对湿度始终保持在80%左右，待2～3天菌袋菌丝恢复后可以往菌袋上浇水，每天进行间歇浇水，使湿度达到90%。这阶段切忌浇重水，以保湿为主，每天通风2次，持续7～10天。此时，耳芽呈绿豆大小。

耳芽逐渐分化展耳片，并逐渐向外伸展。这个时期应逐渐加大浇水量，喷水尽量喷雾状水。为保证耳片又黑又厚，要适当控制耳片生长速度，原则上棚内温度超过25℃不浇水。早春一般在15：00至次日9：00之间歇浇水，5月后一般在17：00至次日7：00之间浇水，使空气相对湿度始终保持在90%～95%。采取间歇式浇水即浇水30～40分钟，停水15～20分钟，重复3～4次。根据气温情况，一般浇水时放下棚膜，不浇水时将棚膜及遮阳网卷到棚顶进行通风和晒袋。正常情况下，喷水后加大通风，每

图 9-17　黑木耳吊袋展耳期管理

天通风3～4次，天热时早晚通风，气温低时在中午通风。温度高、湿度大时还可通过盖遮阳网、掀开棚四周塑料膜进行通风调节，严防高温高湿。一般浇水10天左右，木耳即可成熟（图9-17）。湿度要适宜，浇水管理中，一看天气，二看温度，三看耳片，四看菌袋。干要干透、湿要湿透，干干湿湿，交替管理。掌握干长菌丝，湿长耳的原则，湿度、温度、通风、光照应协调管理。

(六)采收及转潮管理

大棚内吊袋栽培黑木耳一般在4月中旬、下旬即可采收第1潮黑木耳，5月上旬采收第2潮黑木耳，比露地栽培黑木耳提前一个月。木耳长够大，选晴天马上采收晾干。一般可采2～3潮木耳。

一般第1潮黑木耳每袋可采干耳20～25克，耳片圆整、正反面明显、耳片厚、子实体经济性状好。第2潮耳管理方法同第一潮耳大致相同，湿度和通风是大棚吊袋管理的关键。一般可采收3潮耳，每袋产干耳40～60克。

木耳采收后，将大棚的塑料薄膜和遮阳网卷至棚顶，晒袋5天左右，然后再浇水管理。晒袋管理是避免耳片发黄的有效措施。不见光、温度高、耳片生

长速度过快是耳片黄、薄的主要原因。

晾晒好的木耳耳片要求：开片好，根细，耳片腹面黑褐色、背面白灰色，耳片两面差别明显，有光亮感，手感有弹性，无拳耳、无流耳、无霉烂耳、无杂质、无虫蛀耳。

（七）菌袋落地采顶耳

待采完 2～3 潮耳后，如果菌袋仍然比较硬实、洁白，说明菌袋内的营养物质还没有被完全转化。这时可以将吊绳上的菌袋落地，在顶端用刀片开"+""#"或者"丁"字口，也可以把袋顶菌袋全部取下，然后在棚内密集摆放，早晚浇水 4～5 次，每次浇水 1 小时、停 30 分钟，这样每袋可以增加干耳 10～15 克的产量。

五、效益分析

黑木耳每袋平均成本按 1.50 元计算，主要由菌种、菌袋、锯末、营养添加料、遮阳草帘、接菌消毒设备、燃料、人工费等部分构成。每袋黑木耳平均产干耳 50～60 克，按照每 500 克平均收购价 35 元计算，单袋产值在 3.5 元。去除菌袋以外的耗材，单袋纯利润约为 1.5 元。生产 10 万袋黑木耳按常规标准计算，可实现纯利润 15 万元。

六、风险规避

1. 污染率高

黑木耳存在的最大风险就是杂菌感染，解决的办法就是严格执行无菌操作，每个生产环节都按照规范进行操作。污染率控制在 5% 以内。

2. 吊袋木耳的管理

管理吊袋木耳时，通风难，必须要加强通风；采耳后要进行晒袋；发现有绿霉和青苔污染要及时地从吊绳上把菌袋摘下，单独管理，以防止大面积传播感染（图 9-18）。

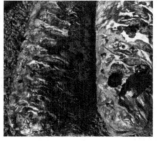

图 9-18　绿霉和青苔污染

? 常见问题与解答

一、菌丝不吃料

1. 产生原因

（1）袋料经过灭菌后没有凉透，温度在30℃以上，接种块因温度过高降低活力或失去活性，不生长。

（2）接种工具在酒精灯火焰灼烧后，没有等冷却立即接种，菌丝被烫死了。

（3）培养料配方不当，pH值过高或过低导致不吃料。

（4）培养料过干或培养温度低导致不吃料。

（5）培养料含水量过高，料内缺氧。

（6）培养料中针叶树或杨木屑比例大，影响吃料。

2. 防治措施

（1）严格选择木屑料，如果有条件，以把木屑摊开晾晒1～2天，具有消灭杂菌的作用。

（2）栽培种制作时，要调节pH值7～8，不能超过8。

（3）配料时水分应占总重量的60%～65%，料过干或过湿均不易吃料。抢温接种有发菌早、吃料快之功效，但是料温必须降到30℃以下。

（4）接种工具经过酒精灯灼烧后应降温后再接种，以免烫死菌种。

二、杂菌污染

1. 产生原因

（1）锅体设计不当，有气流流通死角，导致培养料灭菌不彻底、不均匀。

（2）灭菌温度低或不稳，灭菌时间在100℃达不到8～10小时。

（3）接种不规范，无菌操作不严格。

（4）菌种带杂菌，造成交叉感染。

2. 防治措施

（1）把好灭菌关，培养料灭菌要彻底、均匀。

（2）接种人员要严格按照无菌规范操作。

（3）接种时要保持清洁的环境。

（4）选择菌龄适宜、活力强的优质菌种。

三、菌袋内出耳芽

1. 产生原因

（1）菌袋装料过松，有一定空气。

（2）光照过强，促使耳芽形成。

2. 防治措施

（1）装袋松紧度要适宜、均匀。

（2）菌丝生理成熟的菌袋不能见光，应避光、低温存放。

四、出耳芽不齐

1. 产生原因

（1）开出耳口时，刀口过浅，未划破菌膜。

（2）摆菌袋空间区域小，环境空气湿度过低。

2. 防治措施

（1）开口耳时要划破菌膜，进入新鲜空气刺激耳芽分化形成。

（2）注意温度、湿度和光线管理。

五、形成团耳或鸡爪耳

1. 产生原因

由摆袋过密或耳场周围有障碍物，通风不良所致。

2. 防治措施

（1）摆袋不能过密，以每平方米 25 袋为宜。

（2）清除耳场周围障碍物。

六、耳片薄而黄

1. 产生原因

（1）生产栽培袋过早，菌丝受冻。

（2）生产栽培过晚，开口催芽晚，使展耳期处于高温、高湿季节。

（3）光照不足等原因。

2. 防治措施

（1）长满菌丝的菌袋不能及时下地，应于 2～10℃条件下放置，不能受低温冷冻。

（2）根据当地气象条件，适时接种栽培袋，在菌龄适宜、温度适宜时开出耳口催耳芽。

（3）清除耳场内外遮阳物，保证有一定直射光。

七、发生流耳病

流耳病：开始耳基出现乳白色，后转粉红色，最后耳片解体、腐烂，呈黏液状直至全耳溃烂。

1. 产生原因

（1）温度过高，在 34℃ 以上。

（2）湿度过高，空气相对湿度达到 95% 以上。

（3）培养料 pH 值在 5.5～6.5。

（4）光照和通风不好，造成黏菌侵染。

2. 防治措施

（1）加强通风、降温、降湿、阳光照射，干燥几天，干湿交替管理。

（2）适时早栽培，使展耳期错过高温高湿季节。

（3）及时采收，发现病耳及时剔除，以防蔓延。

（4）采收后喷 0.1%～0.2% 高锰酸钾液或 1% 漂白粉液、0.025‰ 金霉素液。

（5）严格认真清理耳场周围的枯枝落叶及垃圾，消除黏菌潜生源。

 实用表单

地栽黑木耳栽培管理记录表

品种名称：_____　　　　　　　　　　日期：_____

记录时间		天　　气		空气湿度	
最高温度		最低温度		昼夜温差	

记事：

浇水时段：

浇水时长：

浇水次数：

　　　　　　　　　　　　　　　　　　　　　　　　　　　　记录人：

吊袋黑木耳栽培管理记录表

品种名称：_____　　　　　　　　　　日期：_____

记录时间		天　　气		空气湿度	
最高温度		最低温度		昼夜温差	
通风时段			通风次数		

记事：

浇水时段：

浇水时长：

浇水次数：

　　　　　　　　　　　　　　　　　　　　　　　　　　　　记录人：

项目 10
灵芝优质栽培技术

一、概况

近年来，不少人选用灵芝调理身体，但灵芝的种类有很多。目前，全世界一共发现有百余种灵芝，超过大半在我国有发现，但作为药用的灵芝只有十数种。

视频：灵芝的品类与药用效果

由于野生灵芝极难觅，现在的药用灵芝多是由人工栽培。灵芝品质的好坏既与菌种优劣有关，也与生长环境有关，还与采收时间有关。如果超过恰当的采收时期，灵芝可能会产生木质化现象，品质及功效都会下降。

总之，选用灵芝以均匀、质坚实、光泽如漆者为佳。如发现虫蛀、腐朽、质地空虚者，切不宜选用。

二、灵芝常见栽培品种

灵芝的种类较多，根据形态和颜色，可分为赤芝、黑芝、青芝、白芝、黄芝、紫芝及松杉灵芝等，其中赤芝和紫芝为药用品种，栽培赤芝的数量较多。适合北方气候条件的品种有赤芝、紫芝和松杉灵芝。松杉灵芝是我国北方地区特有的适合东北地区栽培和生长的品种，是北方野生灵芝经过人工驯化栽培的新品种。

（一）赤芝

赤芝为灵芝属中的代表种，野生菌盖一般可达 5～20 厘米，厚度达 1～2 厘米，红褐色稍内卷，菌肉黄白色；菌柄侧生，高 5～10 厘米，色与菌盖相同，子实体蜂巢状（图 10-1）；菌盖下面有菌管层，菌管长约 1 厘米，菌管内壁子实层，着生担子；产生担孢子即孢子粉。

1. 信州灵芝

该品种抗逆性强、菌盖大而厚、商品性好、产量高，是出口创汇的优良品种。

2. 韩芝

该品种发菌快、出芝早、片大整齐、产量较高（图10-2）。

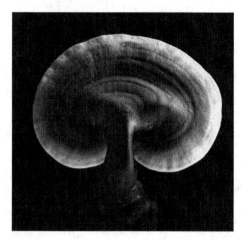 

图10-1　赤芝子实体　　　　　　　　　　图10-2　韩芝子实体

3. 泰山灵芝

该品种生长迅速、适合袋料栽培，但产量稍低。

4. 科芝一号

该品种出菇温度在25～35℃，颜色鲜艳，芝型圆正，个体巨大，适合做灵芝盆景，芝体大多单生，市场竞争力大，适宜棉籽皮和木屑培养料栽培。

5. 美大芝

该品种出芝温度在22～32℃，菌盖红褐色，菌盖特大，肉较薄，出芝快，生长快，适合做活体灵芝盆景（图10-3）。

（二）紫芝

紫芝俗称甜芝，菌盖及菌柄均有紫色或黑色皮壳，光泽油亮；菌肉锈褐色；菌管硬，与菌肉同色，管口圆，形成的孢子粉比赤芝略大；适合出芝温度在18～30℃；芝盖紫黑色，盖厚；属特色品种，味不苦，药用价值高（图10-4）。

图 10-3 美大芝子实体

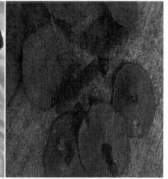

图 10-4 紫芝子实体

（三）松杉灵芝

松杉灵芝是生长于针叶树上的一种灵芝，属上品，更以长白山林区产者为佳。松杉灵芝是一种药用真菌，入药在我国已有悠久的历史，是中药宝库中一味珍贵药材，具有增强免疫、抑制肿瘤、保肝解毒、安神健脑、调节消化系统功能、润肺平喘、抗衰老的作用，主要生长在针叶腐木之上，以落叶松、白松、冷杉为主要寄主（图 10-5）。

近几年来，松杉灵芝的药用价值被广泛认可，市场销售前景看好。随着市场需求的增加，原有的野生松杉灵芝的产量已经不能满足人们生产和生活需求，因此开展野生品种的人工驯化、栽培具有可观的经济效益、社会效益。

图 10-5　松杉灵芝子实体

知识点 1　赤芝优质栽培

工艺流程如下：

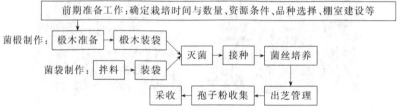

一、栽培时间和数量

以栽培 4 万袋为例。灵芝喜高温，出芝时温度 25～28℃为最适宜。栽培时可根据当地气候特点，从出芝时间开始计算，一般提前两个半月生产原种，提前 40 天生产栽培种。牡丹江地区以 6～8 月出芝为宜，可在 4 月下旬接种栽培袋。

视频：灵芝栽培时间与资源条件

二、资源条件

菌种、原材料、装袋设备、灭菌设备、接菌设备、供水设施、晾晒区、出芝棚、孢子粉收集器（风机）、易耗品（托盘、编织袋、刀片、温度计、湿度计、编织袋）等。

三、投资金额

（1）制袋成本投入　菌种、原材料投资 6 万元；设备投资 10 万元（设备按照 5 年使用年限，每年设备投入 2 万元）。

（2）出芝棚成本投入　建造灵芝棚每栋2万元，需要5栋大棚，总计10万元。大棚按照5年回本，每年建棚投入2万元。

（3）年易耗品投入　托盘、编织袋、刀片、温度计、湿度计、棚膜、遮阳网、水袋等属于年易耗品。年投入5万元。

四、技术要点

（一）主栽品种

一年生日本赤芝（收孢子粉）和二年生松杉灵芝，北方春季栽培在5月份下地。

（二）灵芝棚建造

宽8～10米、长30米、高2米的小拱棚。上面盖有密度厚的遮阳网或草帘子。干湿自动可控喷水设施，灵芝生长后期加挂3个低噪声轴流通风机，功率0.37千瓦。

（三）灵芝菌椴制作

1. 椴木准备

（1）适时砍伐　树木应在休眠期11月至翌年2月砍伐，这个时间树木中贮藏的养分多、含水量少，韧皮部和木质部结合紧密，伐后树皮不易剥落。另外，这一时期气温低，树上的杂菌与害虫也少。一般根据灵芝栽培时间提前4个月左右砍伐，去枝后运回生产场地。树木胸径一般在6～22厘米之间，以8～18厘米为宜。砍伐运输过程中，必须保持树皮完整。

（2）截段　在灭菌的前一天进行截段，竖埋的椴木长度截成14～15厘米或横埋的椴木长度截成28～30厘米，切面要平、长短一致，周围棱角要削平，以免刺破塑料袋，造成杂菌污染。椴木含水量35%～42%。

2. 椴木装袋

塑料袋的规格可选用低压聚乙烯筒袋，厚度0.05厘米，筒袋长与直径可根据椴木的粗细选用。使用大于椴木直径2～3厘米的塑料筒装袋。装袋时将适宜筒袋（长度55～62厘米，以两头扎口合适为度）装入椴木（14～15厘米的每袋装两段，28～30厘米的每袋装一段），两端撮合，弯折，折头系上小绳，扎紧。装袋、搬袋要轻拿轻放，防止破损。发现破袋要及时用透明胶补牢。较细的椴木可几根合在一起用细铁丝或撕裂绳打捆后装袋，较粗的椴木可锯成小块后打捆装袋。装袋也可在椴木底、表面放木屑培养料后再扎口。若椴木过干，则浸水后待表面风干时再装袋。

3. 熟化灭菌

灭菌是灵芝椴生产能否成功的关键，必须蒸足熟透。蒸煮椴木用常压灭菌，100℃保持 10 小时，或 97～99℃保持 12～14 小时。在加热时，要避免加冷水以致降温，影响灭菌效果。火力要"攻头、守尾、控中间"，要迅速用旺火猛攻，使锅内温度迅速达到 100℃，中间火力要稳定，待停火后温度下降至 80℃以下出锅、冷却。

4. 无菌接种

将灭菌后的袋装椴木搬入接种室（或接种箱）冷却，严格按无菌操作接种，按每立方米 100 包椴木（每包菌种重 0.5 千克）接种量接种。接种时，要进行二次空间灭菌。接种室要选门窗紧密、干燥、清洁的房间，墙壁用石灰水粉刷。现多采用单头接种法。接种时要用 75％酒精或 0.05％新洁尔灭对菌种认真处理，实行一人解袋、一人放种、再一人运袋、专人堆放的流水作业（将接种好的菌袋放置在培养架上），多人密切配合。整个过程中，动作要迅速。接种过程应尽可能缩短开袋时间，加大接种量，封住截断面，减少污染。待袋温降至 28～30℃时控温接种。菌种要布满断面，口要扎实堆放平稳。菌种要紧贴椴木切面，这样发菌快，减少污染，成活率高。

5. 菌丝培养

接好种的菌袋要放养菌室培养，菌袋立体墙式排列，两菌墙之间留通道，以便检查。接种后最好在适温、适湿条件下培养，保持室温 22～25℃，有利菌丝生长。菌丝生长中后期若发现袋内有大量水珠产生，则要加强通风、降湿，每天午后开门窗通风换气 1～2 小时。一般培养 20 天左右菌丝便可长满整个椴木表面，要进行酌情翻堆。对污染的菌袋，可脱袋清洁杂菌后重新灭菌培养。在 25～28℃培养 60～70 天，菌丝成熟，可吃透椴木。表层菌丝洁白粗壮，菌木间紧连不易掰开，少数菌木断面有豆粒大原基出现即可迅速下田埋土培养。

（四）灵芝菌袋制作

1. 培养料配方

非芳香阔叶树锯木屑或碎料 78％、麦麸或豆粕 20％、蔗糖 1％、石膏粉 1％。选择本地原料来源充裕的培养料配方，原料要求新鲜，无腐烂、酸变、杂菌感染、害虫滋生等现象。

2. 拌料

原料配齐后及时加水搅拌均匀，要求含水量达到 60％～65％，紧握培养料时，若有水渗出但不下滴则表明含水量适宜。

3. 装袋

装培养料的塑料袋采用宽 15～17 厘米、长 33～35 厘米、厚 0.004 厘米的低压高密度聚乙烯塑料袋；再每袋装入搅拌均匀的培养料 1.5 千克左右，折合干料 0.75 千克左右；装入的培养料要稍加压实、压平，做到虚实适中，最后用细绳扎活口捆好塑料袋的上端。现多采用机器装袋，效率高，品质好。

4. 灭菌

袋料装好后及时进行常压蒸汽高温灭菌，袋料灭菌期间要连续保持 100℃以上的料温 12 小时以上，灭菌期间不能降低料温，使袋内培养料灭菌彻底。当灭菌结束并冷却至 30℃以下时即可接种。

5. 接种

当低温寒冷天气过后、气温稳定回升的 2 月下旬至 3 月下旬为灵芝播种的适宜时间。当灭菌后的袋料冷却至 30℃以下时，在接种箱或接种室严格按照无菌操作规程，解开细绳进行两端接种，每端接种量 8～10 克，接种后继续用细绳扎活口捆好塑料袋两端。现多提倡使用液体自动接菌。

6. 发菌

管理接完菌种的袋料（简称菌袋）要及时送往培养室，平放在培养架或地面上，并层层堆积。一般堆积高度 8～10 层，每列菌袋之间的距离为 0.6～0.7 米，两侧的两列菌袋应距墙壁 0.8 米，以便于生产管理（图 10-6）；菌袋在搬运过程中注意轻拿轻放。发菌期间

图 10-6 养菌室

使室内温度保持在 15～33℃，最好是 25～28℃，空气相对湿度保持在 60%～70%，白天保持有足够的散射光，低温季节每天中午适当通风透气；气温较高时，可昼夜通风透气，以保持空气新鲜。每间隔 6～8 天翻堆 1 次，翻堆时将菌袋上下、内外交换位置，使菌袋受温一致、发菌均匀；要注意剔除感染杂菌的菌袋。当菌丝发至菌袋的 1/3 时，可将室内温度调整到 20～25℃，以促进菌丝生长粗壮。经过 30 天左右的培育，菌丝就会发满整个菌袋。

（五）出芝管理

1. 入棚脱袋

脱袋覆土栽培模式下，入棚脱袋有两种形式：半脱袋覆土摆墙栽培（图10-7）或者全脱袋覆土栽培（图10-8）。用壁纸刀将发好菌的灵芝菌袋的塑料袋去除。菌袋要轻拿轻放，以免伤害长好的菌丝。

视频：灵芝菌段脱袋覆土

图10-7　半脱袋覆土摆墙栽培

图10-8　全脱袋覆土栽培

2. 开口

菌丝长满袋后，将菌袋移入出菇室，用0.1％高锰酸钾液或75％酒精擦洗菌袋外壁，用消过毒的刀片开"V"字形口1个。室内给散射光，保持温度25～28℃，低于20℃菌丝和原基发黄或僵化，甚至不形成原基。若温度高于35℃菌丝老化，甚至自溶，子实体发育不良，质地松软，光泽差，若温差过大，

视频：灵芝出芝管理

易形成畸形芝，因此要恒温培养。喷水保持空气相对湿度85％～95％，培养7～10天可见原基，此时应注意室内通风换气，促进菌蕾形成和发育。

3. 疏蕾

现蕾后，每天通风1～2次，每次10～20分钟。每天喷水2～3次，保持空气相对湿度85％～95％。当菌盖长到3～4圈时，要加大喷水量，勤喷、细喷、轻喷，但不能向子实体上喷水。湿度低会使子实体失水，生长缓慢或僵化。加强通风换气，通风良好开片早，使柄短、盖厚、产量高。通风不良易形成鹿角芝。维持一定的散射光，光弱也易形成鹿角芝，并影响子实体的光泽性。

出现多个芝蕾时，用消毒剪刀剪去一些，只保留1～2个，便于集中养分，长出盖大朵厚的子实体，同时也防止彼此之间粘连，长出畸形芝。

4. 旺盛生长期管理

测定出芝棚温度，控制温度为 25～28℃，此温度范围最适合灵芝生长发育。温度长时间低于 20℃，芝蕾会变黄、僵化，子实体难于生长；温度超过 32℃时，菌丝生长快，但稀疏、生命力弱，子实体早熟、个小、散孢量少。适温范围内，温度偏低，芝体生长稍慢，但质地较好、盖厚、皮壳色泽深、光泽好；反之，虽然生长快些，但质量稍差。

测定棚内湿度，子实体分化生长期间，要求在 85%～90%，不能低于 70%，如果室内相对湿度低于 60%，子实体停止生长，即使再将其移至 90% 相对湿度条件下，也很难恢复生长。当相对湿度高于 95% 时，由于空气中氧气的含量降低，呼吸作用受阻，导致菌丝及子实体的窒息，引起菌丝自溶和子实体的腐烂、死亡。通过喷雾状水和适当通风来调节相对湿度。当子实体大量散发孢子时，不应再向子实体直接喷水，以使孢子能积留在菌盖上。

人工培养时，要得到生长迅速、形态正常的子实体，必须使出芝室有足够的光照。此外，灵芝子实体还有较强的趋光性，即向着光线强的一面生长，因此，芝房内的光线还要求均匀一致。

子实体生长期内，要求环境空气新鲜，所需二氧化碳浓度以不超过正常浓度（0.03%）为好。当空气中二氧化碳浓度超过 0.1% 时，尽管菌柄生长很快，但菌盖不能正常生长发育，易形成鹿角状多分枝的畸形子实体，严重时甚至停止生长。因此，要加强通风换气，降低环境中二氧化碳浓度。如果要生产分枝多、棒状的灵芝，可通过适当调高二氧化碳浓度来实现（图 10-9）。

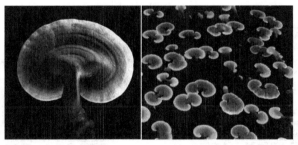

图 10-9　灵芝旺盛生长期

此外，由于灵芝彼此接触后，会粘连在一起生长，因此，可以采取嫁接方法来生产形态各异的灵芝。如将灵芝的子实体生长点部位（灵芝边缘黄色部分）切下，放在另一子实体的生长点上，然后停止喷水 1～2 天，待生长连接后，再喷水保湿，可生产出各种形态的子实体和长出较大的菌盖，可人工培育成工艺品（图 10-10）。

图 10-10 灵芝盆景制作工艺品

5. 孢子粉与灵芝采收

在孢子粉开始弹射时，全天打开风机，开始收集灵芝孢子粉，并且每天要敲打风机袋子 2 次，防止收集好的孢子粉倒流（图 10-11）。

视频：孢子粉与灵芝采收

采收标准：灵芝子实体一般经过 22～45 天的生长，即当菌盖不再增厚、菌盖边缘的颜色和中间的颜色一致、整个子实体都变成本品种应有的颜色，用手触摸子实体有硬壳感且菌盖上布满褐色粉孢子时，表明已经成熟，此时要及时采收并晾晒（图 10-12）。

采收时，一手拿菌柄、另一手用小刀在菌柄基部切下。采收时手不要捏菌盖，保持菌盖正面孢子粉和反面白色的清洁，以便提高质量等级和商品价值。

图 10-11 灵芝孢子粉收集

图 10-12 灵芝子实体晾晒

6. 产品包装及销售途径

灵芝子实体可以直接进入药品销售市场销售；也可制作成灵芝礼品盒进行

销售；还可以于超市经销。孢子粉可以破壁加工销售，增加商品价值及附加值（图 10-13）。

(a) 灵芝孢子粉   (b) 灵芝破壁孢子粉   (c) 灵芝礼品盒

图 10-13 灵芝产品

五、效益分析

1. 灵芝子实体及孢子粉产量

（1）灵芝子实体产量 每棚出芝 200 千克。5 栋棚总计 1000 千克灵芝子实体。

（2）灵芝孢子粉产量 孢子粉与灵芝子实体产量之比在 0.5∶1 左右。一般 0.5 千克的灵芝，也能产出 0.25 千克左右孢子粉。5 栋大棚总计孢子粉产量在 300～500 千克（考虑收集过程中的损耗）。

2. 经济效益

（1）灵芝子实体产生效益 总出芝量在 1000 千克左右。按市场批发价格每 500 克 50 元计算，灵芝子实体总产生效益 10 万元。

（2）灵芝孢子粉产生效益 总计产孢子粉 300～500 千克，按灵芝破壁孢子粉批发价格每 500 克 450 元计算，总收入 27 万～45 万元。破壁孢子粉破壁加工费每 500 克 150 元，纯效益 18 万～30 万元。

（3）年效益估算

易耗品每年投入 5 万元；出芝人工管理等费用 10 万元。大棚投入 10 万元，按照 5 年回本计算，大棚每年投入 2 万元。

年效益＝总收益 40 万元－菌袋制作 6 万元－机械投入每年 2 万元－大棚建造每年 2 万元－易耗品年投入 5 万元－出芝管理人工费 10 万元＝15 万元（按照产量最高计算）。

六、风险规避

1. 畸形芝及防治

（1）畸形芝的形成　通风不良，氧气不足，二氧化碳浓度高于 0.1%，易形成脑状和鹿角芝；温度低于 20℃ 或高于 35℃、温差过大易形成鹿角芝；光弱易形成鹿角芝；因灵芝有趋光性，所以现蕾后变换菌袋位置和方向，易产生畸形。但利用趋光性而变换菌袋位置和方向，可造型培育观赏工艺品。

视频：畸形芝的
形成与预防

（2）预防　保持适温、恒温，经常通风换气，给予足够的散射光，不更换菌袋位置和方向等。

2. 市场销售

随着人们对灵芝药用价值认识的提高，对灵芝及孢子粉的需求量逐渐增加。但灵芝的市场销售渠道少，药店和山货店销售比较多，但价格不稳定。因此，给种植灵芝带来了收益影响。

提高种植灵芝的收益，还可以做灵芝的后续加工及灵芝盆景的制作，但是要提前做市场需求数量的分析预测。

知识点 2　灵芝盆景制作

灵芝盆景是在灵芝生长阶段，采用嫁接或粘贴等工艺生产出的造型灵芝工艺品，再通过后期多道工艺加工，结合传统和现代的盆景工艺，生产出的艺术品，适合作为办公室或居室装饰，又可作为馈赠亲友的礼品。

视频：灵芝
盆景欣赏

一、工具准备

剪刀、盆景网、特种胶、黏合剂、水性漆、棉带、手套等。

二、构图设计

盆景造型设计有以下几个基本原则，它们之间既相互联系，又相对独立，故只有将它们有机地结合起来，在创作实践中灵活地运用，才能获得理想的造型，使盆景创作取得成功。

盆景创作要有立意。盆景创作的立意，即盆景的主题思想，就是想表现什么、如何去表现。所以先要在脑子里有基本构图，然后把选好的灵芝和相关材料先摆出造型，再进行粘贴。

三、材料选取

（1）按粘贴盆景的艺术造型选灵芝子实体。一般按形状分为圆形和如意形两种，并根据子实体薄厚、有无金边进行分类。

（2）按灵芝的种类、颜色、形态、大小等选择不同类型的盆，一般以暗色陶瓷盆为好。如果是赤色灵芝，则以棕色、紫色盆较理想，可使色调协调、古朴典雅。如果是黑色的紫芝、黑灵芝，宜选用白色的瓷盆，以强烈的对比

视频：灵芝盆景
材料的选取与制作

突出灵芝形态的特征。不宜选用与灵芝色调相同或近似的盆，以免色调单一。

四、盆景制作

（1）用牙刷把选好的灵芝子实体处理干净，放到蒸锅里蒸一下，取出晾晒。晒干后呈现出灵芝油亮的颜色。

（2）用石英石砂粒或木屑壅塞，使灵芝形似生于砂石中，但要注意砂粒（或木屑）不要高出盆面。具体操作是用细铁丝织成网状放入盆中，将灵芝柄插入适当的网孔，然后用砂粒或木屑填充。

（3）用乳胶、玻璃胶等将灵芝与其他配件黏结固定在适当位置。

（4）用石膏将灵芝及配件固定于盆中。盆中除用砂粒外，还可陪衬晒干的苔藓、枝状地衣、卷柏等不易碎烂的植物，使盆景显得自然。

在盆中摆放时，可以单个或几个镶嵌而放或重叠在一起。

五、盆景命名

给做好的盆景起个恰当而又含义深刻的名字，是制作盆景的一部分。名字起得好，可以起到"画龙点睛"的作用；反之，则给人以"画蛇添足"之感。命名可根据预定的主题标写，也可根据所用材料具备的形态来确定。如果是单株灵芝，生长健壮，形似"如意"，可起名"吉祥如意"；如是两个完整无缺的灵芝并连在一起，可起名"同心相映"或"永结同心"。

六、灵芝盆景的保存

1. 防潮和防虫

做好的灵芝盆景要存放在干燥通风处，防止回潮霉变；在盆中放入适量的樟脑丸等杀虫剂，以防虫害。发现有虫时，应进行熏蒸、冷冻或干燥处理，也可在阳光下暴晒。如灵芝有破伤或虫眼，要用石蜡或胶布封住，以防害虫侵入

繁殖。灵芝菌丝体最容易生蛆或生虫卵，可用酒精注入或用酒精棉涂擦。但要注意，不要在灵芝表面喷涂酒精，否则会损伤表面而失去光泽。

2. 防尘

因灵芝盆景可长久放置，表面容易污染脏物和灰尘而失去光泽。为防止污染和保持光亮度，可用清漆涂刷灵芝体表面，这样既可防虫防潮，又可保持原有光泽，还可避免污染（即使沾染了灰尘，一抹即掉）。但涂漆不宜太厚，否则会出现龟裂，影响外观美。为了防止灰尘和害虫入侵，也可用玻璃罩将盆景罩上。

灵芝盆景能保存很长时间。灵芝的一个特性就是干品呈现木质化，所以干品盆景能够在阴凉干燥处保存很多年。

? 常见问题与解答

一、菌丝生长缓慢或不生长

1. 产生原因

（1）培养料湿度过大、氧气不足。

（2）培养料含水量过低不能满足生长需要。

（3）培养料 pH 值不适宜，过高或过低。

（4）菌种退化，菌丝老化生活力弱。

（5）菌种不纯，污染杂菌。

（6）培养室温度不适宜。

2. 防治措施

（1）培养料含水量要适当，60％左右为宜，不能过大也不能过低。

（2）培养料 pH 值以 7.0～8.0 为宜，不能过高或过低。

（3）采用优质菌种，菌龄要适宜，一般栽培种菌龄以 30～40 天为宜。

（4）发菌温度控制在 25～28℃。

二、形成鹿角状灵芝

1. 产生原因

（1）光线不足（小于 400 勒克斯）或不均匀。

（2）出芝棚（室）内通风不良，二氧化碳浓度高于 0.1％。

（3）温差过大，菌盖不易开片。

2. 防治措施

（1）加强通风换气，确保空气新鲜。

（2）调节光照在 400～800 勒克斯，并要光照均匀。

（3）出芝棚保持恒温，温差不能过大。

三、菌盖呈现脑状

1. 产生原因

（1）出芝棚（室）内通风不良，二氧化碳浓高于 0.1%。

（2）温度、相对湿度变化大。

2. 防治措施

（1）加强通风换气，确保空气新鲜，增大氧气浓度，降低二氧化碳浓度。

（2）确保适宜的温湿度，保持恒温。

四、菌柄细长而弯曲

1. 产生原因

（1）光线不足、不均匀，使向光强一侧生长，因而弯曲。

（2）经常变更菌袋位置或方向，造成菌柄细长而且弯曲。

2. 防治措施

（1）子实体生长期间，不要变更菌袋位置或方向。

（2）要增加光照并保持光照均匀，在光线不足之处应加设日光灯照射。

 实用表单

食用菌栽培记录表

栽培菌类：＿＿＿＿＿＿＿＿　　品种名称：＿＿＿＿＿＿＿＿　　日期：＿＿＿＿＿＿＿＿

记录时间		最高温度		空气湿度	
天　气		最低温度		光照强度	
通风时间		昼夜温差		二氧化碳	

记事：

采收时间		采收重量		记录人	

项目 11
猴头菇优质栽培技术

一、概况

猴头菇因外形像猴子的头而得名，简称猴头（图 11-1）。野生的猴头菇一般成对生长，又称鸳鸯对口蘑。猴头菇的菌肉细嫩、营养丰富、味道鲜美，是出名的食用菌和药用菌。

近代医学研究证明，猴头对胃溃疡、十二指肠溃疡及慢性胃炎等消化道疾病有一定的治疗效果。此外，猴头菇对胃癌、食管癌和其他消化道肿瘤具有一定的辅助治疗作用。

猴头菇子实体呈头状或块状，直径 4～20 厘米，肉质、柔软，基部狭窄或略有短柄，上部膨大，整个子实体覆盖密集下垂针状菌刺。菌刺长短与生长条件有关，一般刺长 1～5 厘米，刺粗 1～2 毫米，圆柱形，端部尖或略带弯曲。每一根细刺的表面都布满子实层，子实层上密集生长着担子及囊状体，担子上着生 4 个担孢子。孢子印白色，担孢子球形或近球形，直径 5～6 微米，表面平滑。子实体新鲜时呈白色（图 11-1），干后变浅黄色至浅褐色。

黑龙江、吉林、内蒙古、河北、山西、甘肃等地为猴头菇的主要产区。猴头菇作为黑龙江省主要栽培的品种，采用室内培育菌袋，出菇棚内出菇，适合北方寒地。

二、猴头菇常见栽培品种

猴头菇的栽培品种较多，一般选择菌丝粗壮、洁白，子实体出菇早、球块大、组织紧密、菇型圆整、个头均匀、洁白的品种。目前，北方常用的栽培品种有黑威 9910、林海 1 号、猴头 11、猴头 88、猴头 96、猴杰 1 号、猴杰 2 号等。栽培时选择当地适合的菌种栽培。另外，各地尚有极多自育品种，应多加了解品种性状再进行选择栽培。

（一）黑威 9910

猴头新品种，2012 年获发明专利（ZL 2010 10605117.4），2015 年通过黑龙江省品种审定（黑登记 2016055）。其子实体呈单体球形，乳白色，单个子实体重 150～250 克，直径 7～15 厘米，菇形圆整，菌肉致密（图 11-2）。每 100 千克干料可产鲜菇 110 千克。子实体商品性好、产量高、适应性强、易于管理，是黑龙江省科学院微生物研究所选育品种。

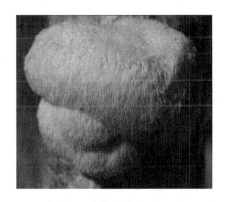

图 11-1　猴头菇子实体

图 11-2　黑威 9910

（二）林海 1 号

菇型整洁、单株独立、肉质结实、肥大，每袋产鲜菇 500～600 克，质量好，产量高。

（三）猴头 T3

出菇温度 10～20℃，子实体白色，属太空诱变品种，球特大，坚实、短刺，转化率高。

知识点 1　猴头菇袋栽

工艺流程如下：

一、栽培数量和时间

4万袋。猴头菇为偏低温型变温结实性食用菌，子实体分化和生长最适温度为16～20℃。北方春季栽培在5月上中旬至6月下旬出菇。秋季栽培在9月上旬至10月中旬出菇。中南部地区一般秋季9月中下旬出菇，或翌年春季2～5月底出菇。各地应根据猴头菇生长发育对当地气候条件的要求，合理安排栽培季节。接种栽培袋时间，从出菇期向前推30～35天即可。若人工调温，一年四季均可栽培。

二、资源条件

猴头菇菌种、原材料、装袋设备、灭菌设备、接菌设备、供水设施、烘干炉、简易大棚、易耗品（托盘、编织袋、刀片、温度计、湿度计）等。

三、投资金额

（1）制袋成本投入　栽培17厘米×33厘米的菌袋，每袋成本1.5元。菌种、原材料投资6万元；设备投资10万元，设备按照5年使用年限，每年设备投入2万元。

（2）菇棚成本投入　建造猴头菇简易棚每栋5000元，需要2栋大棚，总计1万元。大棚按照使用5年计算，每年建棚投入2000元。

（3）年易耗品投入　托盘、编织袋、刀片、温度计、湿度计、棚膜、遮阳网、水带等属于年易耗品。年投入1万元。

四、技术要点

（一）猴头菇棚建造

在田间选择避风向阳、保湿性好、易排易灌水的田块建棚。猴头菇出菇多采用架子出菇方式，北方以木架为多，以菌袋能够平稳摆放为原则。

（二）原料与配方

培养料要求营养丰富，最好选用硬杂木屑。麦麸和米糠等辅料要求新鲜无霉烂、变质，不含有毒害菌丝的物质，不能用石灰代替石膏，培养料内不能加杀菌药剂。比较合理的培养料及配方如下，生产中任选其一。

视频：猴头菇
培养料配方、
拌料与装袋

1. 木屑麦麸配方

木屑78%、麦麸10%、米糖8%、过磷酸钙2%、石膏粉1%、蔗糖1%、料水比1∶1.2。

2. 玉米芯豆饼粉配方

（1）玉米芯 59%、木屑 20%、麸皮 20%、石膏粉 1%、料水比 1∶（1.2～1.3）。

（2）玉米芯 68%、木屑 20%、豆饼粉 10%、石膏粉 1%、蔗糖 1%、料水比 1∶（1.2～1.3）。

（三）拌料与装袋

1. 拌料

将不溶于水的干料按比例首先混匀，再将溶于水的过磷酸钙和石膏粉溶于水中，一起加入干料中，充分混匀，使含水量 60%～65%，pH 值 7.0～7.5。切忌在料中加入石灰、多菌灵、克霉灵，否则不利于猴头菌丝生长发育。

2. 装袋

干料与水拌匀后，堆闷 30 分钟再装袋。装料松紧度要适宜、均匀。装料至袋口 5～6 厘米，倒出散料。一般在装袋的中央有接种孔，孔径 1.5～2.0 厘米，深 15 厘米左右，封住袋口。

（四）灭菌与接种

1. 灭菌

装好袋后不能过夜，要当天装袋、当天灭菌。常压蒸汽灭菌，火力要"攻头保尾控中间"，即菌袋进锅后，要在 2～3 小时内上升到 100℃，以免一些耐高温杂菌在培养袋内繁殖，然后开始保持 100℃的温度，保温 8～10 小时，停火闷锅 6 小时后出锅冷却；高压蒸汽灭菌，压力 0.12～0.15 兆帕，灭菌时间 1.5～2.0 小时，然后出锅冷却。

视频：猴头菇
菌袋灭菌

2. 接种

要求在无菌操作的条件下，进行抢温接种。所谓抢温接种就是指当灭菌后的袋料温度降温至 28℃时，进行接种工作。所谓无菌操作过程是指在无菌环境和酒精灯无菌区范围内进行操作的过程。

在接种前 2～3 天，把接种室清扫干净，喷洒清水，使有害微生物及灰尘落到地面，形成高湿环境，同时升温至 25℃左右，使休眠状态的各种微生物开始生长繁殖，再用杀菌药物进行熏蒸，密封灭菌 24 小时。然后打开门窗通风 12 小时，排出药物残余气体。在接种前用 3% 来苏尔溶液进行一次全面喷雾，同时打开紫外灯管灭菌 20 分钟。

接种时要做到对接种工具、菌种管口及外壁、接种人员的衣服及双手用酒精棉消毒灭菌；菌种要接到菌袋中下部，接种动作要迅速，并用周围的培养料覆盖菌种，有利于促进菌种尽快定植、均匀发菌，以及防止未发好菌就提前产生菇蕾。接种过程要时刻树立无菌操作观念。

（五）发菌期管理

接种完毕后接种袋便可运输到培菌室进行养菌过程。接种后的三级菌袋移入培菌室中的培养架上，下层袋挨袋竖立密集排放，中层袋间距 0.5 厘米，上层袋间距 2 厘米。注意培养室温度，一般下面温度较低。培养室的相对湿度控制在 60%～70%，以免杂菌滋生，待菌丝萌发后应全面检查杂菌，发现杂菌立即挑出。

视频：猴头菇
发菌期管理

接种后头 4 天，调节发菌室内温度以 26～28℃为好，使菌丝在最适的环境中加快定植、吃料、蔓延，形成优势菌群，减少杂菌污染；1～10 天内，培养室温度要达到 20～28℃。随着菌丝发育，袋内温度上升至比室温高 2℃，此时室温应调至 25℃左右为好；16 天后菌丝逐步进入新陈代谢旺盛期，注意将温度计贴在菌袋上经常查看温度。培养室内温度应保持在22～25℃，超过 25℃要通风，每天早晚各通风一次为好。如果温度高，菌丝纤细、无力、菌袋松软。只有在适宜的温度中菌丝才粗壮浓密、有力、菌袋坚硬，从而增加产量，抗杂力也强。培养时间 30～35 天菌丝长满全袋，达到生理成熟。注意避光培菌。

（六）催蕾期管理

菌袋经过室内发菌培育 30～35 天左右，通常菌丝尚未长满袋，便生理成熟，从营养生长转入生殖生长，开始现原基，分化成子实体。因此要注意观察，将菌袋及时移入出菇棚，用 75% 酒精或 5% 石灰水擦洗菌袋壁。开"V"字形出菇口 1～2 个，或"一"字形口，或除去袋口棉花，并搔去原菌种块。菌袋进棚后应从原来发菌期温度，降低到出菇期最佳温度 16～20℃条件下进行催蕾。从小蕾到发育成菇，一般 10～18 天即可采收。棚内给散射光，保湿 85%～90%，适当通风换气，诱导定向整齐出菇，10 天左右可形成菇蕾。

（七）出菇期管理

出菇期内，要创造适合子实体生长发育的条件，协调好温、湿、光、气之间的关系。

1. 控制温度

气温超过 26℃时，子实体发育分枝，会导致菌柄不断增生，菇体散发成菜花状畸形菇，或不长刺毛的光头菇，超过 28℃还会出现菇体萎缩。因此出菇阶段，要特别注意控制温度，若超过规定温度，可采取四条措施：①空间增喷雾化水；②畦沟灌水增湿；③荫棚遮盖物加厚；④错开通风时间，实行早晚开门通风，中午打开大棚两头，使气流通顺。创造适合温度，促进幼蕾顺利长大。高温时，要

视频：猴头菇
出菇期环境
条件管理

采取必要的降温措施，如菇棚顶部加厚覆盖物、通风换气、增加喷水量等。低温时，要加强增温保温措施。

2. 调节湿度

子实体生长发育期必须科学管理水分，根据菇体大小、表现色泽、气候晴朗等不同条件，进行不同用量喷水。菇小雾喷，特别是穴口向左右摆袋或地面摆袋的，利用地湿就足够，一般不喷水。若气候干燥时，可把地面浇湿，让水分蒸发在菇体上即可。检测湿度是否适当，可从刺毛观察，长速缓慢则为湿度不足，就要喷雾化水增湿。喷水必须结合通风，子实体才能茁壮成长。但要严防盲目过量喷水，造成子实体霉烂。栽培场地必须创造 85%～90% 的空气相对湿度。幼菇时对空间湿度反应敏感，若低于 70% 时，已形成的子实体还会停止生长；即使以后增湿恢复生长，菇体表现仍会留永久斑痕。如果高于95%，加之通风不良，易引起杂菌污染。创造适宜湿度可采取：①畦沟或地面灌水，增加地湿；②喷头朝天，空间喷雾；③盖紧大棚塑料薄膜保湿；④幼苗期架层栽培的，可在棚边向草帘子喷水增加湿度。

3. 加强通风

猴头菇是好气性食用菌，生长发育要求有足够的新鲜空气。如果通风不良，二氧化碳沉积过多，刺激菌柄不断分枝，抑制中心部位的发育，甚至菌刺弯曲，呈深褐色，产量低，就会出现珊瑚状的畸形菇。

在饱和湿度和静止空气之下，更易变成多头的畸形菇，或杂菌繁殖污染。为此，高温时每天多在早晚通风，每次 30 分钟左右，适当延长通风时间；低温时可在中午通风，保持菇棚的空气新鲜；子实体长大时，每天早晚通风，适当延长通风时间。但切忌风向直吹菇体，以免萎缩。

4. 调节光照

猴头菇子实体虽然能在黑暗条件下形成，但常会出现畸形菇，而且强光也

不利于子实体的形成。一般菇棚内有一定的散射光即可，以"三分阳七分阴，花花阳光照得进"为宜，以满足子实体生长需要。人为感受就是在菇房内看报纸比较费劲。若菇房光线不足或光线不均匀易形成子实体基部狭长，不呈圆筒形。

（八）采收及采收后管理

1. 适时采收

猴头菇从菌蕾出现，到子实体成熟，在环境条件适宜的情况下，一般 10～18 天可采收。成熟标志为菇体膨大，菌刺粗糙，并开始弹射孢子，在菌袋表面堆积一层稀薄的白色粉状物。

视频：猴头菇
采收与晾晒

根据猴头菇市场的要求，采收的成熟度略有差别。作为保鲜菇应市或盐渍猴头菇，最好在菌刺尚未延伸或已形成但长度不超 0.5 厘米，尚未大量释放孢子时采收。此时色泽洁白，风味鲜美纯正，没有苦味或极微苦味。若是作为药用的猴头菇，以脱水烘干为商品，其子实体成熟度可以延长些，在菌刺 1 厘米左右采收（图 11-3）。

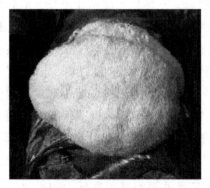

图 11-3 猴头菇子实体

图 11-4 双层晾晒架

猴头菇一般可采收 3 潮，但以头 1～2 批产量高、品位高，一般占总产量的 80%。

采收后可晒干（图 11-4、图 11-5），也可文火烘干（先 40～50℃、后 60℃烘干，图 11-6），贮藏塑料袋中密封保存。

2. 采收后管理

在第一批菇采收后，停止喷水 3～4 天，并通风 48 小时，让采收后菇根表面收缩，防止发霉，再把温度调整到 23～25℃。使菌丝体积累养分，增加湿

图 11-5　普通晒晒　　　　　　　　　　　　　图 11-6　烘干炉

度到 90%，8～15 天左右原基出现，10 天左右幼蕾即可形成，此时把温度降到 16～20℃，空气湿度调整到 80%左右，子实体即健康成长。整个生产周期在正常气温条件下一般为 80～100 天。

五、效益分析

(一)猴头菇产量

每棚猴头菇产量在 10000 千克左右。2 栋棚总计 20000 千克鲜猴头菇。预计晒干干品在 2000 千克左右。

(二)经济效益

1. 鲜品销售效益分析

总猴头菇鲜菇产量在 20000 千克左右。按市场批发价格每 0.5 千克 4～5 元计算，总产生效益 16 万～20 万元。

2. 干品销售效益分析

总猴头菇干品产量在 2000 千克左右。按市场批发价格每 0.5 千克 20～30 元计算，总产生效益 8 万～12 万元。

3. 年收益估算

易耗品每年投入 1 万元；大棚投入 1 万元，按照 5 年回本计算，大棚每年投入 2000 元。

年效益＝总收益 20 万元－菌袋制作 6 万元－机械投入 2 万元－大棚建造 0.2 万元－易耗品投入 1 万元－管理人工费 4 万元＝6.8 万元（按照产量最高技术）。

猴头菇鲜品近年来越来越受到消费者喜欢，其损耗小、卖价好、收益高，但是鲜品市场销售期比较短，需要提前找好销售渠道。

猴头菇干品由于需要烘干与晾晒，还有后期的损耗，会增加栽培成本，但是可以延长销售时间，于异地大量销售。

知识点 2　猴头菇瓶栽

目前，我国已经成为猴头菇的主要生产国之一。猴头菇栽培不仅可以用袋料栽培，同时还可以瓶栽、菌砖栽、椴木栽培。瓶栽是最早进行猴头菇栽培的一种方法，应用也比较多，可根据不同地区、不同条件选择不同的栽培模式。

一、栽培数量和时间

1 万瓶。栽培季节和袋料栽培猴头菇一样。

二、资料条件

猴头菇菌种、原材料、1 万只菌种瓶、灭菌设备、接菌设备、供水设施、烘干炉、简易大棚（带有层架）、易耗品（托盘、编织袋、刀片、温度计、湿度计）等。

三、投资金额

（1）原材料成本　菌种、原材料投资 1 万元。

（2）菇棚成本投入　建造猴头菇简易棚每栋 5000 元，需要 1 栋大棚。大棚按照使用 4 年计算，每年建棚投入 1250 元。

（3）年易耗品投入　托盘、编织袋、刀片、温度计、湿度计、编织袋、棚膜、遮阳网、水带等属于年易耗品。年投入 1 万元。

四、技术要点

（一）栽培工艺

备料→培养基配制→装瓶→灭菌→冷却接种→培养→出菇管理→采收。

（二）栽培关键技术

备料与培养基配制工艺与前面猴头菇袋料栽培一样。

1. 瓶栽的装料

将配制好的培养料装入培养瓶，可以是广口瓶，也可以是菌种瓶，边装边用木棒压实；也可以用机械进行装瓶，省时省力。装瓶要上下松紧一致，料装至瓶肩，再将斜面压平。

2. 打孔

用一根直径 2~2.5 厘米粗细的一头钝尖的木棒，从中央向瓶底打一个洞穴，以便接种方便。同时，料中有一个孔，有利于接种后菌种的定植和均匀发菌。

3. 抹平扎口

打好口，装好料后用清水将瓶口内外及瓶身洗干净。取一块干净的布，把瓶口和瓶外沾上的培养料抹掉，减少杂菌污染的机会。然后用一层牛皮纸或两层报纸或塑料薄膜盖在瓶口上，再用细绳或皮套扎好瓶口。注意用手轻轻向下一按，呈下凹状再系住瓶口。

4. 灭菌

按照常规的常压蒸汽灭菌和高压蒸汽灭菌方法。计算好出瓶数量和灭菌时间。注意：如果是使用高压蒸汽灭菌，一定要用聚丙烯封口膜；使用常压蒸汽灭菌用聚乙烯封口膜。

5. 出锅、接种与养菌

灭过菌的料瓶转移到消过毒的接种室准备接种，即待瓶子温度降至 30℃ 时，把菌种接入到瓶子接种穴里，一定要用周围的培养料轻轻覆盖住。这样一方面可以促进菌种尽快定植和均匀发菌；另一方面还可以防止猴头菇在瓶中未发好菌就提前产生菇蕾（原基）。这样的菇蕾是没有办法长大销售的，在实际生产中也是偶有发生。养菌与袋栽培猴头菇一样。

6. 出菇与采收管理

猴头菇现蕾后要及时将薄膜揭去，采用层架立式出菇。同时，要注意摆放空间位置，防止菇体互相黏水。猴头菇子实体的菌刺生长具有明显的向地性，因此在管理中不宜过多地改变容器的摆设方向，否则会形成菌刺卷曲的畸形菇。

（1）采收标准　从开始现蕾（即原基）到采收 8~12 天左右；有菌刺形成约 0.5 厘米，不能太长；且洁白、个体膨大。采收时，成熟的猴头菇个头越大、商品价值越高。但是采收时，也要观察颜色和菌刺的长度。菌刺过长增加了保藏和运输的难度，也会影响猴头菇的品质、市场价格。有时猴头菇没有长大，但是颜色已经变黄或者菌刺已足够长，也要及时采收。

（2）采收与晾晒　采摘的方法很简单：五个手指轻轻拿住猴头子实体，向一个方向拧。采收后的猴头菇可以日光晒干或者烘箱烘干。有条件的企业和个人尽量选择烘干，这样的干品猴头菇品相好。

（3）采收后处理　采后要及时清除菌蒂，防止杂菌侵入，转入下一潮出菇管理。一般，可以转潮 3~4 次。

五、效益分析

（一）猴头菇产量

每棚猴头菇产量在 5000 千克左右。

（二）经济效益

1. 鲜品销售效益分析

按市场批发价格每千克 8～10 元计算，总产生效益在 4 万～5 万元。

2. 干品销售效益分析

总猴头菇干品产量在 500 千克左右。按市场批发价格每千克 40～60 元计算，总产生效益在 2 万～3 万元。

3. 年效益估算

易耗品每年投入 1 万元；大棚投入 1250 元/年。

年效益生产 1 万瓶猴头菇产生纯效益在 1 万～4 万元之间。

？ 常见问题与解答

一、产生光头菇（无刺型菇）

光头菇：子实体表面皱褶，粗糙无刺，菌肉松软，个体肥大，鲜时略带褐色。

1. 产生原因

通风差、温度高、湿度低。

2. 防治措施

（1）子实体生长发育期间保持温度在 12～20℃。

（2）空气相对湿度控制在 90% 左右。

（3）保持菇棚空气新鲜，氧气充足。

二、产生珊瑚菇

珊瑚菇：子实体从基部起分枝，在每个分枝上又有不规则的多次分枝。基部有一条似根样的菌丝索与培养基相连。

1. 产生原因

（1）菇棚通风不良，二氧化碳浓度高。

（2）培养料中含有芳香族化合物，如松、杉、樟等木屑。

（3）高温、高湿等。

2. 防治措施

（1）子实体发育期间注意通风换气，保持菇棚空气新鲜。

（2）选择培养料时注意剔除松、杉、樟等树种的木屑。

（3）对已出现的珊瑚型子实体要清除，然后重新培养正常菇。

三、菌刺细长

1. 产生原因

主要是温湿度过高所致。

2. 防治措施

（1）对于北方来说，下地开口时间不能太晚。遇到高温极易形成。

（2）子实体分化和生长期间，一定要维持菇房 12～20℃ 的适宜温度。控制空气相对湿度在 85%～90%。

四、基部狭长

1. 产生原因

（1）菇房光线不足或光线不均匀。

（2）子实体原基开始分化时，遇到高温天气，菌丝忙于营养生长，菇蕾难以形成，促使菇柄伸长。

（3）培养料装得少，料面距瓶口或袋口较远，就往往形成长柄菇。

2. 防治措施

（1）给予散射光线要均匀。

（2）保持菇房温度在 25℃ 以下，同时注意通风换气。

（3）注意原基形成期的通风量，避免二氧化碳浓度过高。

五、菇体发黄

1. 产生原因

（1）菇棚内相对湿度小，通风时间长，或通风时外界风大，降低菇体湿度；相对湿度低于 70%，菌刺干缩、断裂，子实体变黄、萎缩、生长不良。

（2）温度低于 10℃ 或高于 20℃，子实体发红。

（3）光照强度大、时间长。

2. 防治措施

（1）菇棚内相对湿度控制在 90% 左右。

（2）缩短通风时间，或通风前先向菇棚内喷水增加湿度。

（3）调节光照适宜。

▽ 实用表单

同项目 10 "食用菌栽培记录表"。

项目 12
滑菇优质栽培技术

一、概况

滑菇是一种营养丰富、风味独特的食用菌。它因表面附有一层黏液，食用时滑润，用筷子不容易夹起而得名。

我国滑菇栽培主要分布在河北北部及辽宁、黑龙江、内蒙古、福建、台湾等地。河北省平泉市是目前全国最大的滑菇生产基地，有"中国滑子菇之乡"之称。国内市场需求量也较大，市场零售价格在4～5元/斤，春季反季节上市价格可达10元以上。

由于所用容器不同，滑菇栽培模式又可分为盘式栽培（图12-1）、塑料袋栽培（图12-2）、瓶栽、箱栽等几种生产模式。目前采用盘式栽培最为普遍。盘式栽培的优点是：设备简单、操作方便、便于管理、产量高、质量好、经济效益高。

图 12-1　盘式栽培

图 12-2　塑料袋栽培

滑菇子实体丛生或群生，菌盖初期呈半球形或馒头形，后慢慢平展，中部凸起，成熟时扁平状，直径 3～8 厘米；中央茶褐色，边缘黄褐色，有明显黏质层，略有光泽。菌肉淡黄色。菌褶直生，初为淡黄色，后变淡褐色。菌柄为圆柱形，中生，初期中实，后期中松，淡黄褐色，有黏质，长 4～7 厘米、粗 0.5～1.0 厘米。菌柄上部有黄褐色、易脱落的菌环，膜质，菌环以上为白色至浅黄色、以下同盖色，近光滑、黏，内部实心至空心。

二、滑菇常见栽培品种

滑菇人工栽培要获得高产稳产，首先要根据当地的气候特点、栽培目的来选择栽培品种。如栽培目的是供应市场所需的鲜菇，以选择早熟品种和中熟品种为好；如供应加工出口，宜选择中熟品种，并搭配少量的晚熟品种。一般来说，中熟品种品质优于早熟品种。由于各地海拔高度不同，自然气候条件差异较大，还应根据出菇期适宜温度来选择栽培品种。根据滑菇的生物学特性和原基分化对温度的要求不同，可以分为四种温型。

（1）极高温型　属超早熟品种，发菌温度为 23～26℃，子实体分化和出菇温度为 20℃以上，如日滑、M27 等。

（2）高温型　属早熟品种，发菌温度为 20～26℃，子实体分化和出菇温度为 15～20℃，如早丰、C31、C33、早壮等。

（3）中温型　属中熟品种，发菌温度为 15～22℃，子实体分化和出菇温度为 10～15℃，如苑滑 01、苑滑 05、西羽等。

（4）低温型　属晚熟品种，发菌温度为 10～15℃，子实体分化及出菇温度为 10℃左右，如森 14 等。

因自然气温春季是由低而高，秋季是由高而低的变化规律，所以春季出菇易栽培极高温型和高温型菌种，能延长出菇期，可出两潮菇；而秋季出菇适栽中温型和低温型菌种，可出两潮菇。

知识点 1　滑菇包块压盘栽培

滑菇包块压盘栽培属于半熟料栽培，具有技术简单、管理粗放、易于掌握、成本低等优点。在制作方面可以起到软化培养料的作用，还可以降解有机物质便于菌丝吸收利用，同时也起到杀死部分杂菌和害虫的作用，从而控制病虫害发生。但由于这种培养料的处理方式只是一种消毒的过程，不能将杂菌全部杀灭，只适合早春低温季节播种栽培。

现以滑菇包块压盘栽培为例介绍。

工艺流程如下：

前期准备：确定栽培季节、栽培数量、品种、菌种制备、棚室准备

半熟料制作 → 压块接种 → 发菌管理 → 越夏管理 → 开盘划面 → 出菇管理 → 采收加工

一、栽培时间和数量

1万盘。滑菇属于中低温型菌类，栽培周期较长，可春、秋两季出菇，一般是春季接种、秋季出菇。包块压盘栽培，可在 0～8℃ 低温条件下接种，例如黑龙江省以 2 月中下旬至 3 月上旬接种为宜。接种过晚易造成杂菌污染，且夏季高温多雨，不利于菌丝生长。

在北方地区，一般春秋两季安排生产出菇。

春季出菇具体安排是：在 11～12 月接种栽培菌盘，经过发菌和越冬管理，翌年 5 月中上旬至 6 月中旬可出两潮菇，若经合理的越夏管理，当年 9～10 月还可出一潮菇。

秋季出菇具体安排是：在 3 月中上旬接种栽培菌盘，经过发菌和越夏管理，当年 8 月下旬至 10 月中旬可出两潮菇，若管理得当，翌年 5 月还可出一潮菇。

二、资源条件

栽培设施主要包括拌料装袋室、灭菌室、接种室、培养室、出菇棚及晾晒架等；制袋设备主要有拌料机、灭菌设备、菌袋传送带等；原材料主要有木屑、麸子或稻糠、豆粉、石灰、石膏等；易耗品包括编织袋、刀片、温度计、湿度计等。

三、投资金额

菌种、原材料投资 1.5 万元；棚室及设备投资 5 万元，设备按照 5 年使用年限，每年设备投入 1 万元。

四、技术要点

（一）棚室选择

目前常用的设施为发菌出菇棚，一般棚长 40 米、宽 8～10 米，中间地面距棚顶 2.3～2.5 米，采用钢架结构棚，上面覆盖双层塑料，中间夹双层毛毡。棚外顶部在温度高时设遮阳网降温，棚内顶端及两侧安装微喷管道；地面要求坚实、平整，利于发菌及栽培管理。菇棚内外要清洁，远离污染物，靠近水源。

出菇棚内可采用架式排放的出菇方式。菇棚出菇架一般采用竹木、不锈钢、角铁架等制成，设 5～6 层，底层距地面 20～30 厘米，层高 40～50 厘米，过道宽 80～100 厘米。

（二）菌种制备

菌种质量的好坏直接关系到滑子菇子实体的产量和品质，是制种过程中最关键的一个环节，必须经过提纯、筛选、试种、出菇、鉴定。原种及栽培种可选用木屑菌种，使菌丝体在固体培养基上生长更为健壮，这不仅增加了对培养基和生活环境的适用性，还为后续的接种操作提供便利性。

母种接种原种需要提前 15～20 天接种。原种接种栽培种需要提前 30～40 天。栽培种发菌需要提前 40～50 天。实际生产中根据生产数量和日生产量来确定制备菌种的时间。

（三）培养料配方与拌料

1. 配方

下面列举两种培养料配方，生产中任选其一。

（1）木屑 78%，麸皮（或米糠）20%，石膏 1%，石灰 1%，pH 值 6～6.5、含水量 60%～65%。

（2）木屑 60%，玉米芯 30%，麸皮（或米糠）8%，石膏 1%，石灰 1%，pH 值 6～6.5、含水量 60%～65%。

按照生产数量和选定的配方计算出各种原辅材料的用量，根据单价计算出生产所需成本。

2. 拌料

选择粗细适中、无霉变及杂质的木屑过筛备用；麦麸、米糠等应新鲜、无霉变、无虫蛀及异味；玉米芯粉碎颗粒要大小适宜、均匀。将上述培养料按配方比例称好，各种不溶于水的干料按比例用拌料机混拌均匀，按干料：水 ＝1：1.3 加水翻拌，使培养料含水量达 65% 左右（手用力握一把湿料见手指缝有水而不滴下，此时含水量适宜），堆闷 30 分钟后再搅拌均匀备用。

（四）蒸料

锅上放上蒸帘，锅内水面距蒸帘 20 厘米，蒸帘上铺编织袋或麻袋片，用旺火把水烧开，先撒上一层约 5 厘米厚的料，随着蒸汽的上升，哪里冒蒸汽就往哪里撒料，即"见汽撒料"，一直撒到离锅筒上口 10 厘米处为止。

撒料时要"勤撒、少撒、匀撒"，不要一次撒料过多，造成蒸汽上升不均匀，产生"夹生料"。最后将出锅装料用的编织袋铺在料面上，然后用较厚的塑料薄膜把锅包裹起来，外边用绳捆绑结实。上大汽后，塑料鼓起，呈馒头状，这时开始计时（锅内料温为100℃），保持2～3小时。

蒸料过程中的要求是"锅底火旺，锅内汽足，见汽撒料，一气呵成"。停火后再闷2小时就可以出锅了。

（五）包盘压块

包盘压块有两种方法，一种是培养料经过蒸煮之后，要趁热出锅、压块。出锅时要趁热出锅包盘，叫"顶汽出锅，趁热包盘"。在托帘上依次放上托板、木框模具，用适当大小的方便袋。为防止污染，事先用0.1%的高锰酸钾液将方便袋浸泡5分钟，抖掉水珠，铺在木框模具内，趁热快速将蒸好的料铺在方便袋内，用压料板压平，每盘湿重1.5千克左右。注意框内四角要压实，以防塌边，用薄膜将菌砖块包紧，随即抽出活动托板、撒下木框用托帘盛托料块运送到冷却室中码放，待冷却后接种。另一种是将配好的培养料直接装入塑料袋内，装锅蒸料，同样加热至100℃，维持3小时左右，冷却后出锅。

包盘压块标准厚度以4.0～4.5厘米为宜。如压料过厚，由于适合出菇期温度有限，当年营养消耗不完，浪费原料、增加成本；也常因外界气温升高过快，滑菇菌丝还没有长满整个菌块，容易引起污染。如压块过薄，既不利于保水，又在2～3潮出菇时营养不足，菇体瘦小。

（六）接种

待袋内料温降至30℃以下时，就可以进行接种。接种前将接种场所进行消毒处理。将菌种掰成0.5～1.0厘米的小块放在塑料盒等容器中备用。但菌种块不要掰得过碎，也不能使用掰好的隔夜菌种。接种时，打开方便袋，迅速将菌种块均匀撒播在培养料上，重新包好菌盘，轻压以排出里面的空气，并使菌种紧贴培养料。最后，稍加压平，并将接缝处的薄膜卷紧。接种量为10%左右，接种要以菌种布满整个栽培块料面为宜，以便菌丝恢复生长后能尽快封住料面而减少污染。

压块和接种时塑料袋开口时间是接种成败的关键。一般以3～5人相互配合为宜，做到动作准确迅速，减少菌种在空间滞留的时间。接种操作方法：接种时可以三人配合完成，一人打开包盘；一人快速把菌种均匀地撒在培养料表面，稍压实；另一人快速系好袋口并压实平料面和菌种，即接种结束。

（七）发菌期管理

接种后的菌盘每6～8盘一垛，盖草帘或薄膜保温22～28℃，在黑暗条件下避光培养。自接种至菌丝体长满菌盘表面为发菌前期需 10～15 天，此期以保温通风为主，每隔 4～5 天翻垛一次。

菌丝体长满菌盘表面到长满整个菌盘为发菌中期，需 25～30 天，此期要将菌盘移到培养架上单层排放（图 12-3），保持菇房空气新鲜；自菌丝体长满整个菌盘（菌丝长透培养料）到开始形成蜡质层为发菌后期，此时控制温度 18～23℃，不能超过 28℃，菇房给予散射光，空气相对湿度控制在 85%～90%，促进蜡质层的正常形成。

发菌后期蜡质层的形成及厚度对产量有很大的影响，适当的蜡质层厚度为 0.5～1.0 厘米，其原基分化形成率和成菇率都高。但蜡质层不宜太厚。防止蜡质层过厚的措施是：避免高温、高湿，创造凉爽、空气新鲜、温差较大的环境。如果发菌后期蜡质层没有形成或者形成的蜡质层较薄，要将菌盘移到光线略强、温度变化较大、通风良好的地

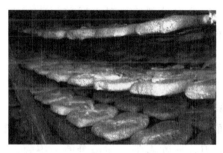

图 12-3　菌盘在培养架上单层排放

方，适当提高空气相对湿度，以促进蜡质层的正常形成。

菌盘质量的判定：质量好的菌盘应是"袋、菌、料"一体，表面出现橙黄至锈褐色蜡质层，有光泽，用手指按压有弹性感；剖开菌盘，白色菌丝充满料屑间，不干涸，有蘑菇香味（图 12-4）。如果菌盘有污染要及时淘汰，如果局部发现有青、绿霉菌污染，可局部切除后再包好菌盘，放到低温通风处，使菌盘重新愈合，仍可出菇。

图 12-4　蜡质层形成

(八)越夏管理

滑菇菌丝培养后能否安全越夏是生产成败的关键。越夏管理的主要任务是控制菇棚的温度，加大菇棚的遮阳程度，防止阳光直射菇房而导致温度升高。这个时期应使菇棚温度控制在26℃以下。如果超过26℃，在加强通风、遮阳的同时可采取喷冷水降温的措施。因为滑菇不耐高温，特别是处于老熟休眠阶段的菌丝，超过30℃连续4小时就会受到伤害。

进入出菇管理前夕，应对所有菌块检查一遍，如果有整块污染杂菌的，应及时拣出处理掉。对于局部污染的菌块，可移出菇房与正常生长的菌块分开，单独进行管理。

(九)开盘划面

在黑龙江省一般在8月下旬至9月左右，开盘划面。早熟品种可在菇房内最高温度稳定在24℃以下时开盘，中、晚熟品种在20℃以下时开盘。开盘划面前菇房要保湿，空气相对湿度达到85%～90%，打开包盘袋口，用消毒过的刀片或铁锯条，在菌盘面上每隔3厘米左右呈"井"字形划开蜡质层，共划6～7条口，划口深以蜡质层厚薄而定，一般深为0.5～1.0厘米，但一定要划透蜡质层，使培养基能够接触到新鲜空气，这样有利于原基分化与形成。

如果棚内相对湿度小、通风量过大，原基很难形成或刚要形成就被风吹干，枯萎死亡；如果相对湿度过大、通风不够，滑菇在缺氧条件下，菌柄生长过快，使菇体柄长、菇盖薄。

(十)催菇

划面后应覆盖草帘或薄膜4～5天，并向地面洒水，使空气相对湿度达85%～90%。待划口处长出新生菌丝体后，揭去草帘或薄膜，向盘面喷少量雾状水，为喷轻水阶段，保持湿润状态即可，主要是向空间喷水，每天喷水3～5次。从第6天开始为喷重水阶段，即向盘面多喷水，水温低些，水向菌盘内渗入，使菌盘在15～20天内含水量达70%左右，手按菌盘发软，并有少量水渗出为宜，给散射光，适当通风，调节遮阴帘，加大昼夜温差，一般15～20天可见菇蕾。

(十一)出菇管理

当菌盘面出现米黄色原基时，水分管理应以向空间喷水保湿为主、使盘面和原基不干燥为宜。当菌盖长到0.3～0.5厘米时，可适当向菇体和菌盘表面喷水，保证菇体生长所需要的水分。随着菇体长大应适当增加喷水量，直到菇体达到商品要求为止，温度控制在15℃左右。从现蕾至成熟一般需7～10天（图12-5）。

（十二）采收

一般分为保鲜或制罐用菇和晾晒干品两种不同的采收时期。

如果保鲜加工滑菇，采收时的标准是：当滑菇子实体长至八成熟即可采收，菌膜尚未开裂，颜色鲜艳（金黄色），尚未散发孢子，即比小菇丁大一些。如果子实体已经开伞，孢子粉飞散，则过于老熟，菇体变轻，品质较差。采收时要采大留小，簇生的应一起采下。

如果是干品进行晾晒时，采收标准是：一般在菌盖直径 1～3 厘米、边缘即将离开菌柄、内菌幕破裂 1/3～1/2、未散发孢子之前采收，商品价值高，为干品最适采收期（图 12-6）。

图 12-5　出菇期原基形成

图 12-6　子实体开伞

（十三）转潮管理

采收结束后，要及时清理菌块，进行刮盘处理，清除棚内残菇废料。挑拣出被杂菌污染的菌块，刮除病斑，用药制处理后，单独摆放在低层架上。停止喷水 2～3 天，使菌丝恢复积累营养，保持空气相对湿度 70%～80%，加大通风，调控昼夜温差，促进第二潮菇形成。

（十四）加工与销售

目前，滑菇的加工方法主要有盐渍、速冻、制罐（图 12-7）及晾晒干品（图 12-8）等几种。根据滑菇子实体外部生长形态，可将其分为三个等级。

一级菇：菇蕾呈球形，菌膜完整，菌盖淡黄色，直径为 1～2 厘米，边缘紧贴菌柄，适用于盐渍、速冻、制罐销售。

二级菇：菇蕾呈半球形，菌膜将破未破、半开伞状态，菌盖橙红色，直径为 2～3 厘米，适用于盐渍、速冻、制罐、鲜菇销售。

等外品：菌膜破裂，菌盖平展呈锈褐色，全开伞菇，适用于晾晒干品分级销售。

图 12-7　滑菇罐制品　　　　　　图 12-8　滑菇晾晒干品

滑菇子实体的鲜品可以与当地食品企业及餐饮行业等进行合作销售，经济附加值较高；干品可以直接批发到山珍经销大市场，精量包装的可以联系到省内外超市通过农超对接销售，也可从电商平台面向全国销售。

五、效益分析

以生产 10000 盘为例计算，滑菇包盘栽培投入成本主要是木屑、麦麸、石膏、地膜、消毒药剂、菌种、托帘、草帘、煤、棚架折旧费、人工费以及一些不可预见费用等。近年来，由于木屑、煤等材料价格上涨，滑菇每盘成本（不含设备投入）一般在 1.5～1.7 元，总计 15000～17000 元。

滑菇盘栽产量、产值，污染率按 5％计算，可产鲜菇约 12000 千克或干品约 750 千克。鲜菇产值为 12000 千克×4 元/千克＝48000 元，可获利 31000 元；干品产值为 750 千克×50 元/千克＝37500 元，可获利 20500 元（按最大成本投入计算）。因此可以看出鲜菇要比干品经济价值高。

知识点 2　滑菇袋式优质栽培

目前，国内滑菇栽培以半熟料栽培为主，由于受季节影响较大，且菌种用量太大，每年只能在 3 月上旬到 4 月上旬生产，4 月 20 日以后生产污染率较高。因此，可以采用滑菇塑料袋熟料高产栽培技术。此栽培方法与半熟料栽培方法相比具有不受季节影响、污染率低、菌种用量小、高产等优点。由于前面介绍过熟料栽培技术要点，在这里对滑菇的袋式熟料栽培进行简单介绍。

一、栽培季节

由于滑菇出菇时要求温度相对较低，所以以黑龙江省的气候特点为例，以

3月至10月末转接栽培袋较为适宜，出菇期安排在10月中旬至第二年的4月底。母种生产应安排在7月中旬开始，原种（栽培种）生产安排在8月上旬开始。菌种最好选择适合当地的品种，自己制备。温室生产滑菇也可以实现周年生产。

二、配方

由于滑菇栽培原料来源广泛，对原料要求不十分严格。一般木屑均可（针叶树种除外），农作物下脚料营养丰富，多种原料搭配使用效果更好。可以同包盘压块的栽培料配方一样。

三、装袋与灭菌

用聚丙烯塑料袋17厘米×30厘米×0.05厘米规格，装料，装好后用套环套住袋口，再用棉塞封口，按常规方法灭菌即可。装袋可采取手工装袋或机器装袋。机器装袋工效较高，且能保证松紧均匀。装料和搬运过程要轻拿轻放，不可硬拉乱摔，以免料袋破裂。装完的料袋要及时装锅灭菌，料袋装锅最好采用周转筐装袋，这样气流自由流通，无菌无死角，灭菌彻底。另外一定要根据锅的产汽量，来决定灭菌量，千万不要小锅多装料，那样不但灭菌不好而且浪费资源。一般以点火后4～5小时，锅内料温升至100℃为好，达100℃时，保持8小时灭菌结束，并闷锅4小时。

四、接种

灭菌的料袋摆放在干净消过毒的屋内或大棚内，使袋内温度降至30℃以下，这时即可开放式接种。一般低温接种污染少，可减少损失，即低温接种、高温发菌、低温出菇。

首先要去掉菌种接种口处的老化菌种，取中部生长健壮活性好的菌种使用。打开棉塞，用小匙将菌种挖成玉米粒大小的颗粒，取菌种放袋口内，塞回棉塞。接入的菌种要求覆盖袋面为宜，这样有利于提高菌丝生长速度，快速占领料面，抑制杂菌侵染，提高成品率。接种后的菌袋以"井"字形或"品"字形摆放屋内或大棚内，高度、密度可根据气温来调整、一般以袋内温度不超过25℃为好。

五、发菌

接种后，转入发菌室发菌。初期培养温度可低一些（10℃左右），待菌丝长满料面后，放在20～25℃的自然温度下培养，加强通风增氧，菇房空气相对湿度保持在70%～75%，给予一定的散射光。当菌丝达到生理成熟时，形成菌膜，即具备出菇的内在条件。

六、开口与催蕾

进入秋季，温差增大，有利出菇，在东北地区一般 8 月 20 日左右即可开袋，各地可根据实际情况调整。当菌丝生理成熟、外界条件适宜时，就可催菇。菌袋进入出菇棚后，调控棚内环境条件，早熟品种最高温度稳定在 24℃ 以下时开盘，中、晚熟品种在 20℃ 以下时即可开口。开口划面前菇棚要保湿，空气相对湿度达到 85%～90%，用消毒过的刀片或铁锯

视频：滑菇
菌袋开口

条，将菌袋一端划开去掉塑料露出菌面，在菌面上每隔 3 厘米左右呈"井"字形划开蜡质层，一般深为 0.5～1.0 厘米，一定要划透蜡质层，使培养基能够接触到新鲜空气，这样有利于原基分化与形成。

出菇初期调湿时禁止向原基上喷水，主要对空中和地面喷水。每日喷水 2～3 次，提高湿度，使棚内增加空气相对湿度为 90%～95%。具体方法：清扫菇房，杀菌防虫；剪去袋口，搔菌；空气相对湿度达到 85%，使培养料含水量达 75%（用手指按料时发软、湿润、微见水痕），喷水后料面无积水，防止菌丝自溶或杂菌滋生。当料面出现许多小米粒大小的白色及黄色小粒状突起时，表明进入了出菇期。

七、出菇管理

经 10 天左右，当米粒样菇蕾出现时，进入水敏感期，尽量不向菇蕾上直接喷水，当菇盖长到 0.5 厘米时，可往菌袋和菇上喷水，一般早晚各喷一次水，午夜喷一次。喷水后加强通风，以菇的形态来调节水分的高低，一般以不积水为好。

给予散射光照，注意通风换气，一般入棚后 7～10 天便有原基产生，此时应根据原基的有无，将袋口逐步撑开。随着菇体的生长，可将袋口反卷或剪掉，幼菇出现后 7～10 天后可采收。

八、采收

当菇长至七八成熟时，以菇体充分长大而未开伞、柄坚实、盖黄褐色的为最佳，即可采收。采收前要停水一天，防止菇开伞，以免降低商品质量。一般是整丛采收，采收后及时去除菇脚、分级、杀青、盐渍或鲜销。

视频：滑菇采收

采完一潮菇后，应及时去除料面死菇和残柄。一般停水 3～5 天，适当使培养料面干燥。停水期过后，再次向培养料面上喷水，使料面上含水量恢复到 75%，而后向地面、空中喷水，使空气湿

度达到 85％以上，进入下潮菇的管理。白天关闭门窗，提高室温，让菌丝得以恢复，再次喷水催蕾，一般可采收 3～4 潮菇。头潮菇结束后，也可用注射法进行补水。这样共可出 4～5 潮菇，总生物学效率达 70％～90％。

采用这种栽培方法，不但增加了播种时间，而且成品率较高，管理得当可达百分之百的成品率。此法栽培采用两头出菇，出菇集中，而且品质极好，产量高，管理采收方便，可获得较好的经济效益。

知识点 3　滑菇反季栽培

为解决北方地区春、夏季滑菇鲜品的市场供应，可采用反季节栽培模式——全熟料袋栽制作。其优点：一是菌袋成品率高，全熟料袋栽方法灭菌彻底，从根本上解决了半熟料盘栽滑菇存在的易污染、越夏难等技术难题；二是鲜品上市时间长，反季节滑菇鲜品上市时间正常为 4～11 月，这段时间市场价格较高。

一、栽培周期

反季节栽培于秋季 10 月下旬制袋，在春季 4～6 月至秋季 9～11 月出菇。袋式栽培在设施棚室保护下，适当调控温、湿度，正常管理，可常年出菇。

二、栽培场所

为顺利度过夏季高温、高湿的环境，滑菇反季栽培对栽培设施要求较高，主要利用温室大棚作培养室和出菇棚。

菇棚设置应满足以下要求：一是菇棚外无杂物，无污染源，靠近水源；棚内砖石铺设，地面平整，以便清洗冲刷和消毒处理。二是要保温、保湿，不易受外界环境条件影响而使温度、湿度发生剧烈变化。三是冬暖夏凉，提高发菌成品率，延长出菇期。四是通风换气良好，没有直流风。五是要求有散射光，能满足子实体生长发育需要。

三、生产工艺流程

备料→拌料→装袋→灭菌→冷却接种→发菌培养→出菇管理→采收→越夏管理→喷水出菇→采收。

四、技术要点

1. 原料的选择

滑菇属于木腐菌，对原料的选择并不严格，一般的阔叶树木屑都可以用于生产。反季栽培可在配方中添加一部分杨柳木细锯末或加入一部分玉米芯，因杨柳木锯末和玉米芯的质地较软，易于被菌丝吸收利用，在春季能暴发性出菇。

2. 菌袋的选择

反季节滑菇的菌袋可选用（19～20）厘米×（50～55）厘米×0.05厘米的聚乙烯袋，每袋可装干料1.25千克左右，配合温室大棚设施可实现周年出菇；也可选用（16～17）厘米×33厘米×0.05厘米的聚乙烯袋，每袋可装干料0.5千克左右，作为单季度出菇使用。

3. 灭菌与接种

灭菌方式采用常压蒸汽灭菌。将装好的菌袋放入常压锅中，料温达到100℃时保持8～10小时，并闷锅4小时。在料温降到30℃时即可出锅，到接种室进行接种。

大袋菌包采用打孔接种的方法：在袋上打孔4个或正面3个、背面2个，孔直径1～1.5厘米、深度2厘米，把菌块掰成三角锥形接入孔中。接种后菌种孔向上，码垛发菌。小袋菌包接种方法与知识点2相同。

4. 菌丝培养

接种后的菌包放入培养室中进行培养；或在棚室中每6～8层码垛培养，覆盖草帘或薄膜，温度为22～28℃，湿度为65%～70%，黑暗条件下避光培养，以保温通风为主，每隔5天左右翻垛一次。大袋菌包从菌丝长满菌袋到蜡质层形成需要110～120天（注意生产时间，以免错过春季出菇）；小袋菌包则需要70～80天。

5. 出菇管理与采收

春季出菇前期3、4月温度较低，棚室内可适当给予一定的散射光，以提高棚室内温度。菌包可采用两侧开口的出菇方式。方法是使用消毒过的刀片将菌包两端塑膜划开去除掉，在露出的料面上划出2厘米×2厘米的"井"字形，深度0.5～1厘米。出菇期间温度控制在22℃以下，加大昼夜温差；相对湿度在90%左右，要注意通风换气。管理方法及采收与知识点2相同。

6. 越夏管理

春季出菇进入6月下旬后，气温逐渐升高，已不适宜出菇管理，此时进入越夏管理阶段。主要任务为以下五点：一是停止浇水，加强通风，使空气湿度降至70%以下。二是控制菇棚的温度，不可超过28℃；加大遮阳程度，防止阳光直射菇棚而导致温度升高。如遇高温天气，在加强通风、遮阳的同时可采取棚外喷冷水降温的措施。三是清除菌包上的残余菇蕾，防止烂菇及杂菌污染，以确保越夏后菌袋的成品率。四是清理菇棚垃圾，保持干净清洁，杜绝污染源。五是在地面上撒一层生石灰，可中和地面湿气，也可起到杀菌、杀虫的作用。

7. 秋季出菇

进入 9 月，气温逐渐降低，越夏结束，进入秋季出菇管理阶段。此时，应对所有菌包检查一遍，如果有整个菌包污染杂菌的，要及时拣出处理掉；对于局部污染的菌包可移出菇棚与其他菌包分开，进行单独管理。

菌包出菇面因越夏管理，长时间不浇水而变得干燥、硬化，或菇脚清除不干净而造成污染，可使用消毒过的刀片切除前端 1～2 厘米，露出新鲜料面，重新划出"井"字形，即可浇水进行出菇管理。管理方法及采收与知识点 2 相同。

❓ 常见问题与解答

一、发菌期"烧堆"

烧堆：菌盘由白变黄、变绿、变黑，甚至有酸味、臭味。

1. 发生原因

（1）温度急速升高。

（2）通风差，氧气供应不足。

（3）在菌丝布满料面或发满菌盘时会产生热量，温度过高，加上前两种原因就会造成"烧堆"现象。

2. 防治措施

（1）当堆内温度达 10～12℃时应及时进棚上架，单盘摆开发菌，防止高温烧堆。

（2）随着气温逐渐升高，菌丝生长更加旺盛，必须加强通风。

（3）加厚菇房顶部遮阳物（草帘、苇帘等），以防阳光暴晒。

二、出现黄黏菌

黄黏菌：开盘划面后，在菌盘培养料表面开始出现白色丝状物，后变黄色的湿黏物，似"黄甘油"状物质，并在菌盘表面扩展，使菌丝或子实体腐烂、死亡，危害严重，多发生在老菇棚。

1. 发生原因

菇棚高温、高湿、通风不良。

2. 防治措施

（1）控制菌盘含水量在 75% 以下。

（2）减少喷水次数，停止喷水 2～3 天，适当干燥一下，降低空气相对湿度至 90％以下。

（3）降温至 20℃以下。

（4）加强昼夜通风。

（5）做好菇棚消毒及环境卫生。

（6）发生病菌后立刻隔离培养，防止交叉感染。

（7）对病斑采用灼烧等方法进行杀灭处理。

（8）喷洒 50％可湿性多菌灵、甲基托布津 800 倍液、1％～2％甲醛液。

（9）在黄黏菌表面撒磷酸二氢钾，待磷酸二氢钾溶化消失后，黄黏菌即被消灭。

三、不发菌或发菌缓慢

1. 发生原因

（1）所用木屑含有毒物质或过于腐熟。

（2）麦麸陈旧变质或使用掺假的石膏。

（3）菌种老化、生命力差。

（4）培养料含水量过大，pH 值不合适。

（5）棚内温度过低。

2. 防治措施

（1）选择以硬杂木为主的木屑，不含有毒物质，不过于腐熟。

（2）麦麸、石膏应新鲜不掺假、无霉变、不结块。

（3）使用优质菌种，不使用劣质菌种。

（4）控制培养料的适宜含水量和 pH 值。

（5）严格控制发菌条件，如温度、光线和通风换气条件等。

四、菌盘底部培养料酸败

1. 发生原因

（1）培养料水分过大，水分沉积到盘底，菌丝因缺氧无法生长。

（2）菌盘过厚。

（3）菇棚通风不良。

2. 防治措施

（1）配料时培养料的水量应控制在 60％～65％。

（2）菌盘厚度以 4.0～4.5 厘米为宜。

（3）菇棚四周留有一定的缝隙，便于通风换气，使棚内空气新鲜。如果出现菌盘底部积水，培养料酸败情况，应打开菌盘薄膜，略微倾斜菌盘排除积水。1天后再覆盖薄膜，或在菌盘底部用直径 0.5 厘米的尖木棍扎 10～12 个小孔，深 1～1.5 厘米，聚集在底部的水分可以顺着小孔渗出盘外。通过小孔又可使菌丝补充氧气，促进菌丝进一步生长。

五、开盘划面后迟迟不出菇

1. 发生原因

（1）选用了晚熟菌种，不适合当地季节或气候条件。

（2）开盘划面过早，菌丝未转入生理成熟。

（3）培养料含水量过低。

（4）菌盘蜡质层过厚，水分不易进入培养料，原基分化形成困难。

（5）温度过高或过低，温差太小，则原基不易分化。

2. 防治措施

（1）选择适宜当地栽培的菌种。

（2）培养料的含水量应维持在 $60\% \sim 65\%$。

（3）发菌后期，应适当增加菇棚内的光照强度，促进蜡质层正常形成，但光线不宜过强，避免蜡质层过厚。

（4）在开盘划面时，对于蜡质层过厚的菌盘划面应适当深一些。

（5）加大菇棚昼夜温差，可以诱导原基形成。

六、死菇、烂菇

1. 发生原因

（1）菌盘湿度过大，影响菇蕾的正常生理代谢。

（2）棚内温度过高，通风不良，导致二氧化碳浓度过高。

（3）劲风直吹菇蕾，致使菇蕾生理失水而死亡。

（4）采菇后菌盘清除不及时，残根腐烂也会引起烂菇。

（5）培养料温度与喷水的水温差较大，时间一长也可导致烂菇。

（6）管理中菇蕾受到伤害或虫害等也会导致烂菇。

2. 防治措施

（1）当菌盘面出现白色或黄色小颗粒状突起，逐渐长到高粱米粒大小的时候，严禁向原基上喷水，应保持空气相对湿度为 $85\% \sim 90\%$。如果盘面干燥，可适当喷雾状水，菌盘表面切忌积水，随着子实体的生长，增加喷水量。

（2）随着菇蕾的发育，需氧量逐渐增加，应加强菇棚内的通风换气，降低二氧化碳浓度，保持棚内空气清新，此期间棚内温度应控制在 15～18℃ 之间。

(3) 喷水后要缓缓通风，防止凉风直吹菇体。

(4) 采完一潮菇后，要及时将菌盘上残留的菇根、菇柄、死菇清除干净，以免影响下潮菇的形成。

七、细菌性腐烂病

细菌性腐烂病：由荧光假单孢杆菌引起，感染部位出现深红褐色的小斑点，严重时病斑周围的组织变成糜烂状态，最后腐烂。

1. 发生原因

(1) 培养料含水量过大（65％以上），菇房内空气相对湿度过高（95％以上），甚至料面有细微的水珠。

(2) 温度过高（20℃以上）。

2. 防治措施

(1) 改善菇棚条件，搞好菇棚卫生。

(2) 加强通风。

(3) 控制菇棚温度在20℃以下。

(4) 空气相对湿度降至90％以下。

(5) 清除病菇，停止喷水1～2天。

(6) 用0.2％漂白粉液或50％可湿性多菌灵800倍液喷雾。

八、发生青霉菌

菌丝白色绒毛状，后变蓝绿色，菌落近圆形，具有新生的白边。

1. 发生原因

(1) 空气中有青霉菌孢子。

(2) 高温、高湿环境条件。

2. 防治措施

(1) 保持棚、室清洁卫生。

(2) 严格执行无菌操作规程。

(3) 喷洒50％可湿性多菌灵或克霉灵200倍液。

(4) 向发病区注射1％～2％甲醛或绿霉净液。

九、出现"花脸"状"退菌"现象

1. 发生原因

发菌后期，进入6～8月的夏季，菌丝正处在长透培养料，并形成蜡质层阶段。此时光照强，日照时间长，是一年中温度最高的季节，一旦遇到28℃

以上连续高温天气，培养料内部的热量不易向外扩散，菌丝受热，呼吸不良，代谢失常，菌丝易自溶消退，形成"花脸"状的"退菌"现象，继而培养基内部发黑腐败（图12-9）。

2. **防治措施**

（1）做好早预防。当菇棚内气温达23℃以上时，将菇房门窗打开，昼夜通风，促使降温。

图 12-9　"花脸"状的"退菌"现象

（2）在棚顶加厚草帘等覆盖物，将向阳窗户遮阳，防止阳光直射，降温。

（3）在地面洒冷水降温。

（4）夜间将包盘打开降温，同时使料内的有害气体向外散发，以利菌丝恢复，并继续生长。

（5）用消毒的竹筷子在菌盘退菌处刺孔，再撒一薄层石灰，有利通气、吸湿。

（6）若"花脸"状"退菌"面积较大，可将"退菌"部分挖除，再将有菌丝的菌块拼在一起，重新包盘，继续发菌，使菌丝长在一起。

（7）适时开盘划面。早熟品种可在菇房内最高温度稳定在24℃以下时开盘，中、晚熟品种在20℃以下时开盘。

实用表单

同项目10"食用菌栽培记录表"。

项目 13
元蘑优质栽培技术

一、概况

元蘑，又叫黄蘑、冬蘑、冻蘑、玉皇蘑、金顶蘑、金顶侧耳等，是我国东北地区远近闻名的食用菌之一，以细嫩清香而著名，干菇有清香味，不仅味美可口、营养丰富，而且还具有祛风活络、清热燥湿、抗癌的功效。

元蘑子实体群生或呈覆瓦状丛生及叠生；菌盖直径 3～12 厘米，扁半圆形、扇形、肾形至平展，边缘内卷后反卷，黄绿色或污黄色，表面光滑，有胶质层并易剥离；菌柄很短，偏生或侧生，白色或淡黄色，有绒毛和鳞片，常有黑褐色斑点，中实；菌肉白色，较厚，质地细嫩。

人工栽培的元蘑，其形态特征有别于野生元蘑。目前，元蘑栽培发展很快，基本各地均有栽培，并取得了一定的栽培经验。其栽培模式是熟料袋栽、生料畦栽、发酵料袋栽。

二、元蘑常见栽培品种

1. 旗冻 1 号

元蘑新品种，旗冻 1 号，由吉林农业大学食药用菌教育部工程研究中心研发，属中低温、中熟品种，从接种到采收一般需要 110～120 天其菌丝洁白浓密，生长速度快，抗杂菌能力强，子实体扇贝形，深黄色，边缘内卷至平展，抗杂菌能力较强，商品性状好，产量高。适合在东北栽培。

2. 穆棱冻蘑

穆棱冻蘑按照无公害元蘑的标准进行规范化生产，子实体丛生或叠生，肉质。菌盖形状像扇子，直径 7～15 厘米，黄褐色，菌柄极短而偏生，基部有白色茸毛。菌肉白色，味极鲜。穆棱冻蘑色彩艳丽，肉质肥厚、细嫩、清香。

知识点 1 元蘑熟料优质栽培

工艺流程如下：

前期准备：确定栽培数量与时间、资源条件、原料与配方等

拌料、装袋 → 灭菌、接种 → 菌丝培养 → 催蕾管理 → 出菇管理 → 采收管理

一、栽培数量和时间

4 万袋。元蘑为低温型恒温结实性食用菌。子实体形成需要温度为 8～16℃，出菇温度是 10～20℃，以 15～18℃最为适宜，不需要温差刺激。

一年内可春秋两季栽培出菇，以秋季栽培出菇为宜，4～5 月接种栽培袋，到 6、7 月菌丝长满整个栽培袋，但此时温度较高，并不出菇，9～10 月出菇为适期。若春季出菇，可在 2 月接种栽培袋，5～6 月出菇为宜。

总之，必须按照当地气温高低，适当选择适宜栽培元蘑的季节。旬平均气温在 16℃左右时是栽培出菇的适宜季节。

二、资源条件

元蘑菌种、原材料、装袋设备、灭菌设备、接菌设备、供水设施、晾晒区、出蘑棚（或林下场地）、易耗品（托盘、编织袋、刀片、温度计、湿度计）等。

三、投资金额

（1）制袋成本投入 菌种、原材料投资 6 万元；设备投资 10 万元，设备按照 5 年使用年限，每年设备投入 2 万元。

（2）出菇条件成本投入 建造大棚或林下出菇场地，需要 800 平方米，每年成本投入约 1 万元。

（3）年易耗品投入 筛料机、编织袋、刀片、温度计、湿度计、棚膜、遮阳网、水带等属于年易耗品。年投入 1 万元。

四、技术要点

（一）培养料及配方

元蘑为木腐菌，可利用硬杂木屑、玉米芯、农作物秸秆为碳源，以麸皮、豆饼粉、玉米粉为氮源。

1. 培养料配方

下面列举几种元蘑生产培养料配方（干料比例），生产中任选其一。

（1）木屑78%，麸皮17%，玉米面1.5%，豆饼粉1.5%，白糖1%，石膏粉1%。

（2）木屑80%，麸皮15%，豆饼粉3%，白糖1%，石膏粉1%。

（3）木屑50%，玉米芯38%，麸皮10%，白糖1%，石膏粉1%。

（4）玉米芯（或豆秸粉）79%，麸皮10%，玉米面10%，石膏1%。

（5）木屑78%，麸皮20%，石膏粉1%，白糖1%。

2. 配制

（1）以常规方法配制，首先称取所需数量的干木屑或玉米芯等。

（2）玉米芯应提前10小时用清水拌料闷堆充分吃透料，摊放在水泥地面上，再和玉米粉、麸皮等均匀地撒在木屑上面，继续干料混合均匀。现在也有干料的混拌翻堆机，也可以翻堆两次。

（3）然后把石膏、石灰、磷酸二氢钾等用水分布溶化后均匀地泼在干料上。再拌均匀，使含水量为60%～65%，堆闷30分钟后备用。

（4）双手用力搓料，以手掌面有光泽湿润感但不能搓出水为宜。

（二）常规熟料栽培的装袋、灭菌、接种方式

参照项目8知识点2中的装袋、灭菌、冷却、接种内容。

（三）发菌管理

接种后，菌袋即可移入培养室发菌，培养室内需遮光，如果光线过强，容易抑制菌丝生长，并可能导致菌丝过早形成原基。

温湿度的控制：要求室内温度前高后低，发菌初期培养室温度保持在25～28℃，使菌丝迅速定植、吃料，生长较快。7～10天后，菌丝便可封面，此时温度不宜过高，但不能突然降低温度，应使温度逐渐降至22～24℃。室内空气相对湿度应保持在60%～70%，过高易造成杂菌污染，过低易使培养料水分蒸发，造成培养料干缩。

元蘑是好氧型真菌，接种7～10天内，由于温度较低，菌丝生长缓慢，呼吸较少，可以不通风，但10天以后必须经常通风，使培养室始终保持空气新鲜，每天至少通风换气1～2次，每次30分钟左右。温湿度过高时，应适当增加通风次数和通风时间。

菌丝培养阶段要十分注意定期观察菌丝生长情况，一旦发现有杂菌污染，应及时挑出、及时处理、及时隔离。一般菌袋培养30～40天，菌丝就可长满袋，再继续培养 10 天左右，使菌丝充分吸收和积累大量营养物质，以达到生理成熟。

（四）催蕾期管理

元蘑的生育期为 90～120 天。菌丝生理成熟后，在袋的中上部开出菇口 4～6 个，口深 0.2～0.4 厘米；摆地时袋间距 12～15 厘米，覆盖薄膜保温、保湿，向地面及薄膜内喷水，使空气相对湿度达 85％～90％，注意揭膜通风换气，保持温度 15～18℃，并给散射光，10～15 天可见菇蕾形成。

（五）出菇期管理

出菇期可以分为以下 5 个生长阶段。

1. 菌丝扭结期

接种后 50～70 天，出现白色菌丝扭结，在有充足散射光条件下，可见淡黄色菌丝扭结团。

2. 菇蕾期

接种后 70～90 天，菌丝表面形成黄白色尖头状菇蕾。菇蕾形成后，保持温度 10～15℃，光照要足，相对湿度 80％～95％，一般不要直接向菇蕾喷水，如果此时加大空气相对湿度，菌丝就会迅速生长，形成一层白色菌皮，影响菇蕾的发育。

3. 伸展期

尖头状菇蕾渐变为圆顶、黄色，色素加深，渐变黄褐色乃至黑绿色（图 13-1）。此时需要较多的光照和水分，如果处于暗光中则菌盖难以形成。

4. 开伞期

菌盖变大，色泽变淡，菌褶形成。此时要求空气相对湿度大，加强通风（图 13-2）。

图 13-1 伸展期

图 13-2 开伞期

5. 成熟期

成熟期子实体形态为菌盖展开直径 6～10 厘米，并开始释放孢子。从菇蕾到成熟一般需要 10～20 天，此阶段温度以 10～18℃为宜，空气相对湿度 85％～95％，加强通风换气，适当增强光照，要少量多次喷雾状水，以满足水分需要。

元蘑出菇栽培新技术

随着东北黑木耳立体吊袋栽培技术的推广，许多新的出菇形式也相继出现。如元蘑的野外棚式立体吊袋出菇管理技术、林间仿野生倒袋地摆栽培技术等。

1. 野外棚式立体吊袋出菇管理技术

野外棚式立体吊袋出菇栽培与传统的栽培模式相比，单位面积可增加一倍的摆放量，此方法可以应用到元蘑栽培。可节省用地、遮阳网、喷头、喷管、人工费等，节省资金达一倍。

（1）用木杆搭好呆袋架子，一般棚宽 6 米、边高 2 米、中间高 2.5～3 米、长 15 米，可立体栽培 1 万袋元蘑。

（2）棚的顶部用草帘子或遮阳网遮阳，再在上面盖一层塑料布，避免雨水过多。

（3）吊袋前先用 0.1％（含量 70％）的甲基托布津溶液，把四周和地面喷雾一次，喷施均匀。再往地面撒一层白灰消毒。

（4）在棚内每个小横杆上面，每隔 30 厘米处绑一根尼龙绳用于吊袋。用三角卡扣或钩子一袋一袋依次从下往上挂上去。每串吊袋 6～8 袋。袋与袋之间距离不能少于 25 厘米、行与行之间距离不能少于 30 厘米。

（5）吊完袋后，每个 17 厘米×35 厘米的菌袋可割口 6～7 个"V"形口。注意割口不能是"∧"形口，防止进水；还要注意不能先割口再吊袋。

（6）菇棚管理阶段与出菇期管理要求一致。

2. 林间仿野生倒袋地摆栽培元蘑技术

利用林下仿野生的自然条件，在林下摆放元蘑菌袋，具有生产成本低、自然环境好、可自然遮阴等优点。

（1）选择坡度较小，比较平坦，在林下"七阴三阳"的栽培地块。把周围杂草清理干净。

（2）摆放菌袋，要码齐。菌袋上面要盖遮阳网和塑料膜保湿。

（3）用壁纸刀片开"V"形口或大开口。一般从割口到原基形成需5～7天。

（4）由于林间雾气较大，浇水的量要根据林下的湿度来进行判断。随着元蘑增大，喷水量也要加大。此时，温度以15～18℃为宜。喷水要勤喷，无论喷水几次，观察菇片平展不卷边、有光泽湿润感即为达到最佳喷水标准。

（六）采收及采收后管理

1. 采收

菇蕾形成至采收约15天。一般在菌盖直径5～8厘米，边缘稍内卷，未弹射孢子时采收，这时菇质优良，鲜嫩可口。晒干后在冬季，特别在春节期间出售，价格较高，经济效益好。

采收后清理料面菇脚及死菇，停水2～3天，让菌丝恢复生长，一般间隔20～25天可出二潮菇。

2. 晾晒与加工

菇根清理干净后，把菇体掰成片状即可晾晒。采收后元蘑水分较大，必须进行加工干制。在烈日下2～3天，即可全部晾晒干透（图13-3、图13-4）。用烘干设备加工整理，可以单片摆放微热烘干。在烘干过程中，温度不应超过40℃，防止烤焦。

图13-3 晾晒

图13-4 元蘑干品

五、效益分析

1. 产量

4万袋元蘑，总计收获元蘑在1750千克左右。

2. 效益

按照市场价格干品50～60元/千克。总收益8.75万～10.5万元。

效益＝总收益－元蘑菌袋钱－易耗品－出菇场地费用（总收益按照最大进行计算）＝10.5－6－1－1＝2.5万元。

知识点2　元蘑生料畦床栽培

一、做畦床

在出菇棚内做畦床，畦宽80～100厘米，畦深20厘米左右，畦长不限。畦床间50厘米作业道。

二、培养料配方与配制

（1）配方一　玉米芯90千克，麸皮10千克，石膏粉1千克。将玉米芯粉碎成花生米大小，装入编织袋内，在1%石灰水中浸泡24～36小时，再用清水冲至pH值8～9，沥至不滴水，加入麸皮、石膏粉，拌匀后在畦床铺料。

（2）配方二　豆秸90千克，麸皮10千克，白糖1千克，石膏粉1千克，多菌灵0.2千克。将豆秸粉碎成3～5厘米长，置于多菌灵溶液中浸泡20小时，沥至不滴水，加入麸皮、白糖、石膏粉，拌匀后在畦床铺料。

（3）配方三　木屑80千克，麸皮18千克，白糖1千克，石膏粉1千克，石灰1.5千克，多菌灵0.2千克，料水比为(1∶1.2)～(1∶1.4)，配料后在畦床铺料。

（4）配方四　稻草（或麦草）74千克，玉米面25千克，石膏粉1千克，多菌灵0.1千克，水120～140千克。将稻草粉碎成3～4厘米长，用0.5%石灰水浸泡12～24小时，捞出，用清水冲洗1～2次，沥至不滴水，拌入其他辅料，配料后在畦床铺料。

三、接种

整平畦床底，在床底撒一层菌种，铺料厚8厘米左右，再撒一层菌种，再铺料厚8厘米左右，料面撒一层菌种。这样三层菌种两层料，或四层菌种三层料。撒最后一层菌种后，轻轻拍平料面，覆盖塑料薄膜和草帘，保温、保湿、避光。

四、发菌管理

棚内保持温度为22～25℃发菌。接种15天后，每天揭膜通风一次。

五、出菇管理

菌丝长透畦床料后，继续培养 10～15 天，使菌丝充分生理成熟，并多积累养料。揭去塑料薄膜和草帘，棚内保温 15～18℃，给散射光，控制相对湿度 85%～90%，适当通风。

? 常见问题与解答

一、过早形成原基

1. 发生原因

（1）菌种老化。

（2）发菌室光线过强。

2. 防治措施

（1）选取适龄菌种。

（2）接种时，将原种表面老菌皮或菌种块扔掉。

（3）发菌时控制适宜的光强度。

二、菇蕾难以形成

1. 发生原因

（1）菇蕾形成期温度偏高。

（2）光照不足。

（3）湿度过高。

2. 防治措施

（1）菇蕾形成初期要降温至 10～15℃。

（2）增加光照。

（3）控制相对湿度 80% 以上。

（4）不可直接向划口处喷水。

三、菌盖难以形成

1. 发生原因

发菌室光线过强。

2. 防治措施

发菌时控制适宜的光强度。

实用表单

同项目 10 "食用菌栽培记录表"。

项目 14
平菇优质栽培技术

一、概况

平菇是一种相当常见的灰色食用菇（图 14-1），其营养丰富，肉质肥嫩，味道鲜美，是高蛋白质、低脂肪的蔬菜之一。每百克干品含蛋白质 20～23 克，是鸡蛋的 2.6 倍，猪肉的 4 倍，菠菜、油菜的 15 倍。其矿物质含量也十分丰富，还含有十分丰富的维生素 B 族。平菇无论是素炒还是配制成荤菜，都十分鲜嫩诱人，加之价钱便宜，是百姓餐桌上的佳品。平菇食用以鲜品为主，罐头和干制品很少。

图 14-1　平菇

平菇性味甘、温，具有追风散寒、舒筋活络的功效。研究表明，平菇还含有平菇素（蛋白糖）和酸性多糖体等生理活性物质，能增强机体免疫功能，对降低血胆固醇和防治尿道结石也有一定效果，同时对妇女更年期综合征可起调理作用。

平菇是目前我国栽培较多的食用菌种类之一，种植属于国家大力扶持和支持的高效农业项目。其栽培原材料广，成本低；易操作，周期短，产量高，经济效益高；栽培方式很多，空房屋、废瓦窑、房前屋后、林下，山洞、地道都可以。近几年平菇行业市场需求在逐年增加，高质量的平菇更是供不应求，有着广大的发展前景。如果能够种植成功，无污染，科学出菇管理，能够在短时间内回本，属于高利润的行业。

但当下平菇种植行业仍以传统的手工作坊的生产模式占据主导地位，大多数当成一种副业去做，缺乏专业的技术和理念，导致经济效益并不可观，而且深加工产品很少，一般只做鲜菇出售，存在一个市场需要量的问题。

二、平菇常见栽培品种

（一）糙皮侧耳

平常所说的"平菇"多指糙皮侧耳，是目前广泛栽培的种类，主要是低温型和中温型品种。

（二）佛州侧耳

佛州侧耳是从美国和德国引入我国，属于中低温品种；子实体覆瓦状丛生；菌盖直径为3～12厘米，低温时白色、高温时带有青蓝色转黄色至白色，初半圆形，边缘完整，后平展呈扇形或漏斗形。

（三）黄白侧耳

黄白侧耳又名美味侧耳、紫孢侧耳、小平菇，属中低温型品种；子实体丛生，形近覆瓦状。

（四）桃红侧耳

桃红侧耳属高温型品种。子实体一般中等大，群生至覆瓦状叠生。菌盖直径为3～13厘米，初期贝壳状或扇形，后平展，盖缘呈波状。初期粉红色、水红色，后变黄土红色至近白色。菌肉较薄，淡红色或白色。菌褶桃红色，延生，密集。菌柄短或常无柄。孢子印淡粉色至桃红色。孢子光滑，无色，近圆柱形。

（五）凤尾菇

凤尾菇原产于印度，是一种栽培较为广泛的中高温平菇，出菇温度在5～32℃。子实体大都单生，颜色灰白，菌盖扇形至贝壳状，形状似凤尾，故名凤尾菇（图14-2）。菌盖直径为3～15厘米；菌肉白色稍厚；菌柄侧生，白色，直径1.5～3厘米、长3～10厘米；菌褶白色，延生，不等长。孢子无色光滑，椭圆形至肾形，孢子印白色。出菇猛、转潮快、潮次多、高产。常见的品种有平菇831、F3227。

图14-2 凤尾菇

知识点 1　平菇生料栽培

　　平菇抗逆性强，适应性广，用生料栽培，方法简单，投资收益率高。生料栽培有袋栽、阳畦栽培、大床栽培模式。优点是设备简单、成本低、效益高。

　　下面以生料袋栽为例，介绍平菇生料栽培的技术要点。

　　平菇生料袋栽是生产中方法最简单，成本最低，同时也是较难管理控制的一种方法。所谓生料袋栽是指培养料用石灰水拌料，不进行灭菌，再进行装袋、接种和发菌的方法。其优点是方法简便、耗能少、成本低、见效快；但缺点是接种量大、易受外界环境条件影响、病虫害多、管理难度大，需要每年或最多两年更换一次场地。不过在发菌过程中，控制好温度，不发生烧菌，生料栽培成功率很高。

　　工艺流程如下：

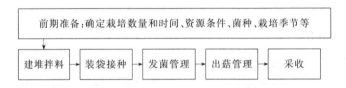

一、栽培数量和时间

　　500 平方米的温室大棚适宜栽培 1 万袋。根据各地气候条件合理安排栽培季节。平菇菌丝生长温度为 5～32℃，最适温度为 22～26℃；出菇温度为 5～30℃，适宜温度为 15～22℃。牡丹江地区适宜春季、秋季及冬季栽培。春季栽培时 3 月制袋，4～7 月出菇；秋季栽培时 8 月制袋，9 月至次年 2 月出菇。

二、资源条件

　　培养料：不同的栽培模式，采用不同的培养料配方。平菇栽培适宜采用棉籽壳、玉米芯等为主料培养料。玉米芯采用 24 厘米×55 厘米×0.0015 厘米规格塑料袋装料，发菌期 25～30 天，生物学效率 90%～100%。各地可根据本地栽培原料资源合理配置培养料配方。袋应选择颜色稍灰暗的高密度低压聚乙烯效果最好，其成本低、拉力强，不易涨袋、烂袋，每千克 300～600 个（规格长短不一样）。菌袋要依照不同时间季节，选用相应规格的菌袋。

　　装袋设备采用电磁离合装袋机，灭菌采用蒸汽发生器配合常压灭菌柜，如考虑成本也可采用灭菌包完成灭菌。

　　接菌设备：平菇采用两头套环接菌或者打孔接菌，打孔接菌可使用枝条种用透气贴封口。

供水设施：供水可采用聚乙烯蛇皮管或者其他冷水管，出菇喷水可安装微喷系统。

易耗品：温度计、湿度计、编织袋。

三、投资金额

（一）制袋成本投入

菌种、原材料投资 2 万元；设备投资 2.5 万元，设备按照 5 年使用年限，每年设备投入 0.5 万元。

（二）出菇棚成本投入

建造菇棚每栋 12 万元。大棚按照 5 年回本，每年建棚投入 2.4 万元。

（三）年易耗品投入

编织袋、温度计、湿度计、棚膜、遮阳网、水带等属于年易耗品。年投入 0.35 万元。

四、技术要点

主栽品种：农平 7 号。

（一）原料与配方

平菇对营养的要求：多种农作物秸秆、棉籽皮和玉米芯都可以作为栽培平菇原料，要求原料新鲜无霉变，干燥，用时粉碎成黄豆粒大小。首选棉籽壳和玉米芯，营养丰富，透气性好。木屑由于碳氮比不适合，不宜使用。麦麸营养丰富，不但可补充氮源，且含有较多易利用的碳源。石膏可直接补充平菇生长所需的硫、钙等营养元素，防止酸性发酵，改善培养料的蓄水性和通透性。石灰主要提高培养料酸碱度，增加钙质。多菌灵是一种光谱性内吸性杀菌剂，对人兽低毒，有很强的抑菌作用。

常用配方：①玉米芯 72.9%，稻草（或麦秸）10%，麦麸 13%，石灰 3%，石膏 1%，多菌灵 0.1%。②棉籽壳 96.9%，石灰 2%，石膏 1%，多菌灵 0.1%。

按配方要求，将料充分混合，加水拌匀，使培养料含水量达 60% 左右，拌好的培养料堆积 2 小时以上。

拌料时要做到"三个一致"：第一，含水量要适宜一致，以用手握料手缝有水不下滴为宜，说明含水量适宜一致。麦秸或稻草先切碎成 2～3 厘米的小段，用 pH 值 8～9 的石灰水浸泡 24 小时，捞出沥干，再加入其他辅料，充分拌匀。玉米芯应先粉碎成玉米粒大小的颗粒，加水拌料。第二，拌料要均匀一致，用铁锹反复翻拌，使料混合均匀；含量较少的物质，如石膏、石灰等应先溶于水中，然后再拌料。第三，pH值要一致，装袋之前应调整pH值，在生料栽培时，加入相当于干料的1%～2%的生石灰，使pH值达到8左右是保证获得成功的关键因素之一。这是因为生石灰对许多有害杂菌具有直接的杀伤和抑制作用，可以将杂菌造成的损失减少到较低程度；抑制产酸微生物的活动，使培养料的pH值始终处于较适宜状态；它能中和菌丝自身代谢产生的有机酸类物质，以免培养料pH值下降而影响菌丝生长。所以，在平菇栽培料中必须拌石灰来调节pH值。

（二）选择菌种

选择无老化和退化的优质平菇菌种。鉴别优质菌种：一看长势，二看纯度，三看菌龄。优质菌种具有纯度高，无杂菌感染；菌丝纯白，有光泽，生长均匀整齐，粗壮旺盛；含水量适中，与瓶（或袋）壁紧贴，无干缩、松散和积液现象；瓶装菌种菌龄30～35天，袋装菌种50天。另外，在生料栽培中要适当增加碱性，要求所用菌种具有较强的抗碱能力。

（三）选择栽培季节

平菇可以一年四季栽培，春种夏收选耐高温品种，夏种秋收选中温偏低温品种，秋种冬收选耐低温品种，冬种夏收选高温型品种。北方大棚内栽培，春季可在2月末至3月初或10月末至11月初栽培，此时温度较低，杂菌感染率低，平菇菌丝在较低温度下也可生长，达到既能发菌又能减少污染的目的。如果温度在25℃以上，杂菌生长较快，尽管此时平菇菌丝生长速度较快，但污染率高，生料栽培不易成功。

（四）选择栽培环境

平菇生产场地宜选择便于保温、保湿、通风、换气、排水，有明亮的散射光，水源和电源方便的地方。平菇老产区，杂菌基数高，所以要在发菌或出菇场地进行定期消毒，尽量使杂菌及虫害降到最低。在发菌或出菇场撒上石灰粉，再用1000倍50%多菌灵溶液和2000倍80%敌敌畏乳油药液喷洒；或者每年更换场地以降低污染率，提高成功率。

（五）建堆拌料

拌料场地最好是水泥地面，如果是砖面，需提前用水浸湿地面，减少营养水流失。人工拌料时，要达到"两均匀、一充分"，即主料与辅料均匀、干湿均匀，料吸水充分。具体方法：拌料前把主料、辅料和药剂分别按配方称准，加水充分搅拌，含水量为 60%～65%，pH 值为 9～10。平菇菌丝在 pH 值为 4～10 的基质上均能生长，但以 5.5～6.2 为适宜。配制时，初始 pH 值为 9～10。多菌灵遇到石灰效果会降低，应与石灰分别加入。含水量一定要适宜，过干菌丝生长不好、过湿易染杂菌，也可喷杀虫剂防止蝇虫。

（六）装袋接种

装袋前将菌种瓶（袋）外壁用 0.05% 高锰酸钾溶液消毒 30 分钟，将菌种掰成 3～5 厘米大小。太大菌种与料接触面积小，太小菌种吃料能力差。播种量一般为干料重的 15%～20%。一般情况可 4 层播种，上下各 1 层、中间 2 层，投种比例为 3：2：2：3，两头多、均匀分布，中间少、周边分布。使用装袋机装袋，松紧一致（图 14-3）。装袋时不能太松，培养料与薄膜之间有空隙，易进空气发生污染，还容易在袋内产生侧生菇；不能太实，特别是袋中间部分，否则透气性差，菌丝生长不好。袋两头用细绳扎活口即可，扎口端各占用栽培袋 5 厘米左右，尽快使两头菌丝汇合，长满菌袋，减少染菌。另外，菌袋两头可各放一层厚度为 1 厘米的料，让菌种在适宜湿度下迅速萌发吃料，起到一种保护作用。规模栽培时，要明确分工，几人协调配合完成装袋接种过程。

图 14-3　发酵料及装袋

（七）发菌管理

菌袋接种后，移入发菌场地摆放，进行发菌管理。在此阶段主要注意温度和通风协调管理，防止菌袋烧菌现象出现（图 14-4）。

1. 合理排放菌袋

生料栽培中，培养料中存在着大量杂菌，分别为低温、中温和高温型杂菌，其中危害最严重的是高温型杂菌。在此阶段，温度最好控制在 20℃左右，高温和低温杂菌受到抑制，中温杂菌虽能生长但其活力远不如平菇菌种，可发菌成功。把料袋一层层排放在菇场地面上，双行排列，列与列之间留 30～40 厘米宽过道。一般天热时堆 3～4 层，天冷时堆 7～8 层。堆垛后每隔 5～7 天倒垛一次，将上下互换、里外互换，使菌袋受温一致，发菌整齐。

2. 保持适宜相对湿度和光线

养菌室空气相对湿度不宜过大，以防杂菌污染。菌丝在暗光下正常生长，光线过强不利于菌丝生长，最好使菌袋处于完全黑暗的条件下。

3. 加强倒袋翻堆

接种后 2～3 天，检查菌种是否萌发，如没萌发，多属于未打透气孔，应立即补打孔。

图 14-4　发菌

接种后 3～5 天，菌种块萌发，但不吃料，多属于袋内温度太高，应立即降低培养温度。如发现袋中间有少许毛霉、黄曲霉，正常培养平菇菌丝能压住或覆盖污染区，也可以出菇。如发现个别菌袋袋底部积水，可将菌袋底部扎孔并立放地面，让水通过透气孔流出。污染绿霉轻微的菌袋可用 50％多菌灵可湿性粉剂 1000 倍液注射，严重的菌袋应及时清理出场地。

接种约 1 周后，当菌丝萌发定植，进行翻堆，即上移下、下移中、中移上，及时发现杂菌，以利于及时采取防治措施。整个菌丝生长期在 25～35 天，一般翻堆 2～3 次，在此期间，培养室温度须控制在 20～25℃。

4. 微孔透氧

菌种是通过透气孔吸取氧气而萌发生长的，所以透气孔是决定生料栽培成功的关键因素。透气孔少或过小，菌丝生长速度滞缓，甚至停止。透气孔多或过大易引起虫害和杂菌侵染，出菇时形成菇蕾基数过多，不便管理。对个别菌袋发菌基本结束但有局部未发满的，可以用针在距离菌丝生长前缘 1 厘米处，刺 1 厘米深微孔，以达到增氧促进菌丝生长的目的。

5. 菌丝后熟

菌丝发满袋后解开两端袋口的细绳，增加菌袋氧气供给量，5～7 天后菌袋的菌丝更加粗壮、浓密、洁白，部分菌袋出现子实体原基时，表明菌丝已经成熟转入出菇期（图 14-5）。

（八）出菇管理

菌丝满袋 1 周左右，袋口呈现黄色水珠，即可进行出菇管理。菌袋码垛前在地面上铺一层塑料薄膜，使子实体和环境干净。双排摆袋时可放 6～8 层菌袋，垛与垛之间距离 1 米。排袋后要增加光照，光照强度在 500～1000 勒克斯，拉大昼夜温差达到 10～15℃，加大透风，进行催蕾。5～7 天袋口有菇蕾呈现后，及时将袋口划掉露出菇蕾，同时向地面四周喷水增湿，空间相对湿度提高到 80%～95%。湿度主要靠经常向空中、地面喷水维持，刚出现菇蕾

图 14-5 发菌完成准备出菇

时切勿向菇蕾上直接喷水，当分化出菌盖和菌柄时方可少量多次喷雾状水，有利于子实体生长。

温度最好保持在 12～18℃，每天通风 3 次，每次 30 分钟。在菌盖展开、边缘变薄、即将弹射孢子前采收。在适宜条件下，由子实体原基长成子实体需 7～10 天，可采收 4～5 潮。采收过迟，菌盖边缘向上翻卷，还易引起菌丝老化，对下潮菇的转潮和产量都有严重影响。采收时尽量一起采收完，便于转潮管理；轻拿轻放，防止损伤菇体，不要把基质带起。一潮菇采完后，应清理料面，将死菇、残根清除干净。

知识点 2 平菇熟料栽培

传统平菇栽培以生料为主，近几年以熟料代替生料进行平菇栽培，获得成功率比较高，但是成本投入同时增加。熟料袋栽是指培养料配置装袋后先经高温灭菌，再进行播种和发菌的栽培方法。

熟料袋栽具有的优点：①培养料经高温灭菌后，料内营养能得到充分分解，使平菇菌丝吸收，平菇菌丝生长速度快，对营养料的营养利用率高；②熟料栽培出菇早，同期播种，可比生料栽培提前出菇 10～15 天；③熟料栽培用种量少，一般是培养干料的 5% 左右。

工艺流程如下：

一、场地选择

简易大棚、温室大棚、房舍、废弃的厂房、校舍都可以种植熟料平菇。

二、确定栽培季节

根据当地气候条件而定，可春、秋两季出菇。若人为创造条件，一年四季均可栽培出菇。北方栽培春季出菇，一般4月中下旬至6月中旬出菇，可提前40天左右接种栽培袋；秋季出菇，一般9月中下旬至10月中下旬出菇，可提前40天左右接种栽培袋。

三、制备菌种

根据当地气候和不同栽培季节选择优质高产菌种，提前生产出大量、适龄的栽培菌种。

四、菌袋制作

（一）培养料的配制和装袋

各种不溶于水的干料按比例混匀，白糖加入水中溶解后加入混匀的干料，充分混匀，使含水量达60%～65%，用柠檬酸和石灰水调pH值在7.0～8.0。用装袋机进行装袋，装料至袋口5～6厘米，压平袋内料面。一般用17厘米×33厘米塑料袋装湿料重1.1～1.2千克，料袋高20厘米左右。此时用手指捏料袋外壁测松紧度，以有弹性感、硬而不软、可见有指坑而不深为宜，插入棒或盖封袋口。装袋后要及时灭菌，以免料酸化变质。

（二）灭菌

高压蒸汽灭菌，压力0.12～0.15兆帕，灭菌1.5～2.0小时。高压蒸汽灭菌锅依照锅炉厂家使用说明进行使用。采用高压蒸汽灭菌锅熟料栽培时，应选用聚丙烯材质的塑料袋。

常压蒸汽灭菌，料温100℃，灭菌保持8～10小时以确保灭菌彻底，然后停止加热，利用余热闷闭4～6小时再出锅。用锅炉烧水，最好在4～5小时内使灶内温度达到100℃，用100℃开水产生的蒸汽来杀灭病虫。降温将菌包移至养菌室内等待接菌。采用常压蒸汽灭菌锅熟料栽培时，应选用聚乙烯材质的塑料袋。

（三）接种

灭菌后，待料温降至28～30℃时，无菌操作抢温接入菌种，接种量以填满接种孔为宜。菌种菌龄以40天为宜。在离子风接种器前或酒精灯无菌区域内,打开料袋,使菌种瓶口对着袋口,迅速将菌种接种到菌袋接种口处塞上海绵塞。如果是塑料盖封口,将袋口套上塑料环,将塑料袋口翻下,再在环上盖盖。操作时,动作要快,接种时不要说话,严格按照无菌操作流程进行操作。

(四)发菌

将已接种的菌袋放25℃左右培养室发菌,30~40天菌丝可长满袋。发菌可分为4个时期:

1. 定植期

接种后5天左右,在接种块周围可见新生长的白色菌丝体为定植期。此时以保温为主,使料温达25℃左右。

2. 吃料期

接种后10天左右,菌丝布满袋口料面,并向深层蔓延,为吃料期。此时仍以保温为主,适当进行通风换气,使菌丝良好吃料。检查并倒架,同时清除污染菌袋。

3. 深入期

接种后20天左右,菌丝吃料1/2~2/3袋为深入期。此时应加强室内通风,促进菌丝深入吃料。检查并倒架,清除污染菌袋。

4. 巩固期

接种后30天左右,菌丝基本长满袋,再继续培养10天左右,使菌丝密度增大,积累养料,由营养生长转入生殖生长,准备出菇。

(五)出菇期管理

将发好菌的菌袋移入出菇室,横排成菌袋墙,墙高8~10层菌袋,使出菇室降温为8~15℃(低温型品种),提高室内空气相对湿度为85%~90%,给散射光,在菌袋一头(单面出菇)或两头(双面出菇)各开出菇口1个,进行催菇,促进原基形成。注意开口时要划破菌膜。

视频:平菇
出菇期

1. 桑椹期管理

开口催菇10天左右可见桑椹状原基形成。此期管理以保湿为主,适当通风喷雾,但不能将水直接喷于桑椹状原基上,也不能大气流通风,因为此期原基抗逆性弱。

2. 珊瑚期管理

加强通风，注意保湿，适当喷雾，不能直接喷于菇体上。若通风不良易形成高脚菇，但通风时间过长易干燥，喷水过多子实体易萎缩，一般每天通风 2～3 次，每次 20～30 分钟。喷水要勤，每天 2～3 次，细喷、轻喷，不能直接向子实体喷水，每次喷水后要通风，否则会因通风不良，再遇高温、高湿，使子实体萎缩，或窒息死亡。此期管理得当，成菇率高，产量高（图14-6）。

3. 幼菇期管理

当菌盖直径大于 1 厘米时，可直接向子实体喷水，但不能过多，以菌盖湿润为宜，每天喷水 2～3 次，湿度过大易引起黄斑病或者褐斑病。此期注意通风换气，控制温度 12～14℃，否则会因高温、缺氧而死菇，或者形成绿豆芽式畸形菇（图 14-7）。

图 14-6　珊瑚期　　　　　　　　　　　图 14-7　幼菇期

4. 成熟期管理

加强通风、多喷水增加空气相对湿度，适时采摘（成熟中期），以免老化降低产量和商品价值（图 14-8）。

五、采收及采收后管理

（一）采收标准

子实体成熟中期（七八分成熟），菌盖基本展开，但尚未完全展开，且中央有少量白色绒毛，边缘未出现萎缩、反卷和龟裂现象，未弹射孢子。此时采收，菌盖边缘韧性好、破损率低；菌肉厚实、肥嫩；菌柄柔软，纤维质低，外观好，商品经济价值高。

图 14-8　成熟期

（二）采收方法

采收前 3～4 小时喷一次水，使菌盖新鲜、干净，不易破裂，但喷水不宜太多。一潮菇可大小菇同时采，一次采完，不能采大留小，要早清床。一手按住菌袋，另一手将菇体轻轻摘下，不能硬掰，最好用小刀在子实体基部割下。轻拿轻放，以防破损，并在菇体上面盖一层湿布，保持菇体水分。

视频：平菇采收

六、转潮管理

平菇采收后，用镊子或小刀清理料面，去除菇蒂刮平料面并压实，保温、保湿、给散射光，使菌丝充分恢复并积累养分。10 天后又可产生原基，进行出菇管理。采收二、三潮菇后，因袋内水分和养分缺乏，需要补充水分和养分。

知识点 3　平菇发酵料栽培

发酵料袋栽，为半熟料栽培。平菇的发酵料栽培具有方法简便、污染率低、成功率高、产量稳定、周期短等优点，现已发展成为平菇最主要的栽培方式。我国北方从 8 月下旬至翌年 4 月都可以安排平菇发酵料栽培。

一、生产工艺流程

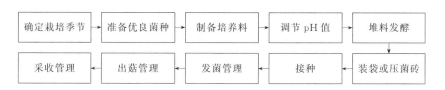

平菇的发酵料袋栽基本同熟料袋栽，其不同点如下：培养料 pH 值要大些，一般 pH 值在 8.0～8.5；培养料中应加 0.1％多菌灵或者 1％石灰；培养料发酵。

二、建堆

按配方将各种培养料充分混匀，再加适量水充分混匀（含水量 60％～65％），将料堆成高 1 米、宽 1.5～2 米、长不限，轻拍料堆表面，打通气孔，盖薄膜或草帘，定期揭动薄膜或草帘通风换气。

三、翻堆

建堆后 2～3 天，料内温度应升至 60～80℃，翻堆 1 次，一般翻堆 4 次即可。翻堆时将上、下、里、外的料互换位置，并将料抖松。

四、发酵料发酵处理

发酵过程中，升温要快，温度要高，翻堆要及时、认真、不夹带生料，保证发酵质量。发酵料发酵检查过程中，堆内可见白色放线菌，菌丝为正常。

五、接种

接种量要大，一般接种量为 10％～15％。分层接种，四层菌种、三层料，边装料边接种。

六、出菇管理和采收管理

同本项目知识点 1。

？ 常见问题与解答

一、出现烧菌现象

烧菌：菌丝自溶退化、菌丝逐渐死亡，培养料变成原来的木屑色。

1. 发生原因

发菌过程中，当培养料内温度超过 30℃时，菌丝生命力减退，超过 40℃就会发生烧菌现象。

2. 防治措施

（1）栽培时要控制料温不能超过 30℃。

（2）夏季栽培时应在凉爽的室内进行发菌。

（3）菌袋以单层排放为好，若温度仍较高，可洒些冷水，开窗通风来降低室内温度。

二、菌丝不吃料现象

1. 发生原因

（1）培养料保存时间过久，已发霉变质，滋生大量杂菌。

（2）菌种转接次数超过 3 代，造成菌龄老化，生命力降低。

（3）培养料中含水量过少或过多，装料过紧通气不良。

（4）培养温度过低，接种量小。

（5）接种后气温过高，菌种受损伤。

（6）培养料 pH 值过高或过低。

2. 防治措施

（1）选用生命力旺盛、菌龄适宜的优质菌种。

（2）不用发霉变质的培养料。

（3）培养料含水量要适当。

（4）装袋松紧度不宜过紧，宜均匀。

（5）拌料时的 pH 值控制在 7.0～8.5 之间，并控制适当的温度。

三、菌丝未满袋即出菇

1. 发生原因

（1）主要由于菌龄老化，生活力减退所致。

（2）培养环境和栽培方法不当。如培养料过干或过湿，装料时压得太紧、料内营养成分差，光线太强，温差较大，酸碱度不适宜等。

2. 防治措施

（1）使用菌龄适宜的优质菌种。

（2）创造适宜菌丝生长的有利条件。

四、菌蕾变黄、坏死

1. 发生原因

常是由于气温过高所致。在子实体分化阶段，当遇到 22～33℃ 气温时，导致养分停止输送，而使菌盖趋于死亡。

2. 防治措施

（1）遇此情况，一要立即消除死菇，二要及时采取降温措施。

（2）袋式栽培要在清晨傍晚或夜间气温较低时通风降温，同时喷冷水降温。

（3）阳畦栽培要在料面及周围增加喷水量。

（4）防止热风直接大量吹入，采取降温措施。

五、大量死菇

1. 发生原因

（1）出菇温度超过适温范围上限 3℃就会出现大量死亡。

（2）空气相对湿度若低于 80%，小菇就会因菇体水分大量急剧蒸发而萎缩死亡。

（3）菇房或阳畦中通气不良，二氧化碳浓度迅速提高，超过 0.5%时就会形成大如拳头或柄粗盖小的大脚菇，二氧化碳浓度更高时，幼菇窒息死亡。

（4）向子实体喷水过多，菇体易致水肿，然后变黄溃烂，也易引起病菌感染而死亡。

（5）营养不足，使一些幼小菇蕾饥饿死亡。

2. 防治措施

（1）因地因品种适时接种，避开高温季节出菇。

（2）出菇现蕾后，控制空气相对湿度在 90%左右。

（3）随着子实体长大，应加强通风换气，特别是高温天气，更要注意通风，确保空气新鲜。

（4）掌握喷水量，控制空气相对湿度。注意喷水方法，主要是经常往地面及墙壁上洒水，尽量避免直接往菇体上喷水。

（5）控制光照，避免阳光直射菇体。

六、发生白瘤病

白瘤病：又叫平菇小疣病、褶瘤病、线虫病，子实体菌褶增生白色瘤状组织块，瘤中空，单生或多瘤相互重合、密集，损害外观，失去商品价值。

1. 发生原因

卫生条件不好或湿度过大，线虫侵入引起。

2. 防治措施

（1）及时摘除病菇烧掉，清除烂菇和废料。

（2）地面撒石灰粉，用 2%甲醛消毒。

（3）在病区外围挖沟隔离，停止浇水使其干燥，用 0.001%～0.05%碘液滴在病瘤上，以免扩展。

七、出现高脚菇现象

高脚菇：菌盖较小或呈喇叭状，菌柄长，明显超过菌盖直径。

1. 发生原因

高温、高湿；光照弱（2～4 勒克斯）；通风不良，缺氧，二氧化碳浓度高。

2. 防治措施

（1）调节和控制适宜的温度和湿度。

（2）调节适当光照。

（3）加强通风，提高氧气含量，降低二氧化碳浓度。一般每天通风 2～3 次，每次 20～30 分钟。

另外在平菇栽培中避免不同品种混播。因为不同品种所要求的生长条件有差异，混播给管理带来困难；不同品种混播在一起会产生拮抗现象，相互侵占"地盘"，大大影响产量。

八、杂菌的污染

1. 木霉

培养料被绿色木霉感染后，初期产生白色菌丝体，后渐变绿色至深绿色，菌丝致密呈棉团状，生长速度很快，4～5 天便出现绿色粉状孢子，随之迅速扩大，特别在高温、高湿条件下，几天就能将培养料覆盖。

一般要求菇房要彻底消毒，并加强通风换气，空气湿度控制在 85% 以下，并注意周围环境卫生。点、片发生要及时控制，撒施石灰或喷施 3%～5% 的石灰水，也可喷施 1% 的多菌灵农药。栽培袋内局部发生感染时，可配制 5% 的福尔马林液或 1：500 的多菌灵溶液，用医用注射器局部注射杀灭。

2. 根霉

培养料被根霉感染后，菌丝初期为白色，菌丝蓬松发达，后变灰白色至黑色，生长速度快，被污染的料面呈针头大小的小黑点状。

在生产过程中要求培养料要新鲜干燥；挖除局部感染的根霉菌或用多菌灵、代森锌等药剂杀灭。

3. 青霉

培养料被青霉污染后，菌丝初期呈白色，形成圆形菌落，2～3 天后菌落逐渐变为绿色或蓝绿色，菌落扩展较慢且有局限性。

生产中对培养料严格消毒；局部发生时挖除，并边挖边用 5%～10% 石灰水冲洗。

4. 曲霉

培养料被曲霉感染后，因品种的不同有黑、黄、绿、橘黄、橘红等颜色。

栽培过程中要避免使用霉变的原料，发现曲霉后要加强通风、减少喷水，以减轻危害，也可通过撒施石灰进行防治。

5. 毛霉

培养料被毛霉污染后，初期长出灰白色粗壮稀疏的菌丝，很快生成黑色孢子囊。成熟后孢子囊破裂，散发孢子，该杂菌在空气中漂浮传播。

发生后注意通风，并及时将污染部分拣出烧毁或埋于土中，以防孢子扩散，或用1%多菌灵喷雾。

6. 链孢霉

培养料感染链孢霉后，基质上将出现黑色或墨绿色、绒状或粉状的菌落，并且迅速扩展，使培养料变黑腐烂，正常菌丝生长受阻。

在生产中用种要严格检查，如有污染迹象应及时焚毁；一旦出现料袋污染，污染物要单独存放一处，并用10%～20%漂白粉加适量的柴油对其喷雾，被感染的场地也要多次喷雾消毒，以减少链孢霉孢子的飘浮扩散。

▽ 实用表单

同项目10"食用菌栽培记录表"。

项目 15
大球盖菇优质栽培技术

一、概况

大球盖菇又名酒红球盖菇、皱环球盖菇，是一种草腐型食用菌种类。20世纪80年代引入我国并试栽成功，但未推广。近年来，福建省三明市真菌研究所立题研究，在橘园、田间栽培大球盖菇获得良好效益，并逐步向省内外推广，种植数量逐年增加。

大球盖菇可以有效分解农牧废弃物，是农业很好的资源循环利用品种。特别是菌料出菇后直接回田培肥地力，增加土壤肥力，对黑土保护和改良十分有益。大球盖菇栽培较为粗放，可以在大棚里、林下、果园套种。目前，大球盖菇的栽培模式有林下栽培、棚室栽培、玉米地间作等。由于近年来，大球盖菇市场价格较好，成为经济效益、社会效益较好的栽培品种。

大球盖菇菌盖表面新鲜时酒红色，有白色纤毛状鳞片（图15-1）；菌盖表面干后变为浅黄褐色，无环带，粗糙；边缘钝或锐，干后内卷；菌褶表面新鲜时灰紫色至暗褐紫色，干后变为灰褐色；菌褶密，不等长，弯生，脆质。大球盖菇色美、味鲜、嫩滑爽脆，口感好，含有丰富的蛋白、人体必需的氨基酸及维生素，有预防

图 15-1　大球盖菇

冠心病、助消化、解疲劳等功效，含有人体必需氨基酸种类齐全。干菇中蛋白质含量为29.1%，氨基酸含量为8.5%，是国际菇类交易市场上十大菇类品种

之一，也是联合国粮食及农业组织向发展中国家推荐发展的菇类品种。国内市场除鲜销外，也可以进行真空清水软包装加工和速冻加工，另外其盐渍品、切片干品在国内外市场潜力也极大。

经国内试验推广证明，大球盖菇栽培有如下几个突出的优点：首先，对温度适应范围广，适种季节长，在 4～30℃的温度范围内均可出菇，在蔬菜淡季上市，可提高商品价值；其次，大球盖菇抗杂菌能力较强，栽培技术及管理较为粗放，许多材料可直接生料栽培；最后，大球盖菇生物转化率高、生产周期短，从播种至子实体收获，一般为 5～7 周，很容易被广大农户接受。因此种植大球盖菇具有非常广阔的发展前景。

二、大球盖菇常见栽培品种

（一）大球盖菇 1 号

四川省农业科学院土肥研究所从野生大球盖菇中经组织分离、选育出新品种，并经过四川省农作物品种审定委员会将其审定为大球盖菇新品种"大球盖菇 1 号"（川审菌 2004004、国品认菌 2008049）。该品种子实体菌盖赭红色，菌柄白色（图 15-2），产量高，转潮快，生物转化率达 45%，不易开伞，出菇温度广，以稻草为主要栽培原料。

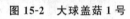

图 15-2　大球盖菇 1 号　　　　　　图 15-3　黑农球盖菇 1 号

（二）明大 128

三明市真菌研究所选育的大球盖菇新品种"明大 128"，通过国家农作物品种审定委员会认定（国品认菌 2008050）。

（三）球盖菇 5 号

2008 年上海市农业科学院食用菌研究所选育的大球盖菇新品种"球盖菇 5

号"，通过国家农作物品种审定委员会认定。

（四）黑农球盖菇 1 号

2015 年黑龙江省农业科学院畜牧研究所选育的大球盖菇新品种"黑农球盖菇 1 号"，通过黑龙江农作物品种审定委员会认定。该品种适宜北方寒冷地区，菌盖酒红色，菌丝生长健壮，抗杂能力强，菇柄粗、菌盖厚（图 15-3），以农作物秸秆为主要栽培原料。

（五）山农球盖 3 号

2018 年山东农业大学通过单孢杂交育种技术选育的大球盖菇新品种"山农球盖 3 号"，通过山东省农作物品种审定委员会认定。该品种具有菌丝耐高温、出菇期长、产量高、抗杂能力强等特点。

（六）黄球盖 1 号

2020 年成都农业科技职业学院与成都市农林科学院从"大球盖菇 1 号"的黄色变异株中选育大球盖菇新品种"黄球盖 1 号"，通过四川省非主要农作物品种认定委员会认定（川认菌 2021006）。该品种子实体菌盖黄色，菌柄白色（图 15-4），菌丝旺盛浓密，长速快，抗逆性与适应性强，提早出菇，生料生物转化率达到 60%以上。

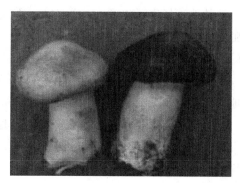

图 15-4　黄球盖 1 号

知识点 1　大球盖菇林下栽培

在果园或树林下栽培大球盖菇。其优点一方面是果园或树林里的光照、空气湿度等生长条件适宜栽培；另一方面，采收后的大球盖菇菌糠又可以作为有机肥料，改良土壤，促进树木生长。与露地栽培相比，该模式不需要搭建遮阳网，省工、省时。林下栽培同样受季节限制，气温过低或过高均不利于菌丝生长。该模式可在林果园、玉米地等农林田下推广大球盖菇套种高产栽培模式，发展立体循环农业（图 15-5）。

一、栽培时间和数量

大球盖菇生料栽培多采用大棚或者林下栽培，受自然气候的影响。一般根据地区气候条件选择栽培时间。子实体生长最适宜的生长温度为 16～24℃，属于中温型食用菌种类。我国北方地区陆地栽培从 5 月中旬至 6 月中旬开始栽培。每平方米用料 15～25 千克，菌种 3～5 瓶，播种后 50～60 天出

图 15-5　大球盖菇林下栽培模式

菇。一般情况下，大球盖菇从开始接种到采收结束大概需要 3～4 个月。现以播种一亩地大球盖菇为例进行介绍。

二、资源条件

林地选择靠近水源、排灌方便、地势较高且平坦、多雨季节不积水、土壤肥沃、避风向阳、交通方便、操作方便的场所，不应使用地势低洼和过于阴湿的场地。

选择林地时，要选择遮阴度在 50％～80％的、树和树间距 1 米以上的林地作为栽培场地。宜选择土质疏松、肥沃的林下。

栽培前需要安装一个水泵，在栽培地分多个管道，每个管道安装喷带延伸贯穿整个栽培场地，必须保证一定的水压，喷出的水呈雾状，滴下的水滴均匀。

三、投资金额

林下大球盖菇种植菌种每亩（667 平方米）需要用 1200 袋，按照每袋 4元计算，菌种成本是 4800 元；按照栽培料 1000 元计算，种植及人工费用1500 元，收货运输等费用 400 元计算，总计 7700 元。

四、技术要点

选用适于当地栽培、发菌出菇及转潮快、抗逆性强、优质、高产、商品性好的菌种。

（一）栽培料的选择、配方及前期处理

1. 栽培料的选择

栽培原料：大球盖菇可利用的栽培原料有玉米秸秆、玉米芯、稻壳、豆秸、木屑，应符合相关要求。

覆土材料：应使用天然的未受污染的草炭土、林地腐殖土或农田耕作层15厘米之内的壤土。不应使用砂质土和黏土。

生产用水：栽培料配制用水和出菇管理用水应符合相关要求。

2. 栽培料配方

宜选用如下配方之一：

（1）玉米秸秆40%、玉米芯30%、稻壳20%、木屑10%；

（2）玉米秸秆45%、玉米芯35%、稻壳20%；

（3）豆秸40%、玉米芯30%、稻壳20%、木屑10%。

3. 栽培料前处理

栽培料用量为6000~7000千克/亩。对栽培料进行晾晒2~3天。秸秆粉碎5厘米左右，玉米芯粉碎2~3毫米，栽培料混匀后，在接种前一天浇透水，预湿建堆发酵，接种时栽培料的含水量在70%~75%为宜。

4. 建堆发酵

培养料按配方比例混合后，调好含水量开始建堆。建堆结束后用铁铲轻拍堆表，然后用较粗的木棒在料堆顶端自上而下、斜向均匀地打透气孔，直通堆底。为防日晒风吹雨淋，料堆上应盖薄膜或草帘，并定期掀动，通风换气。建堆后2~3天应进行第一次翻堆，以增加料中含氧量。

视频：大球盖菇
建堆发酵

（二）作畦与接种

1. 作畦

在林下作平畦，畦床宽40~60厘米。采取三层料、两层菌种的方式，即一、三、五层为栽培料，二、四层为菌种，栽培料每层厚8~10厘米。

2. 接种时间及接种量

7~8月均可接种，接种量为400~500千克/亩。

3. 接种方法

菌种掰成直径3~5厘米大小，行距株距均为8~10厘米。第五层栽培料中间高、两边低，其上依次覆土厚2~3厘米、覆盖稻草厚2~3厘米。

（三）田间管理

1. 发菌管理

发菌期间尽量少浇水，若畦面稻草过干，床内菌丝吃料达1/3~1/2时，可适当地往畦面稻草喷水，喷水要求水流细，雾状为宜，少量多次喷雾状水，菌床湿度保持在 65%～70%。菌床内温度达 28℃以上，在菌床两侧打孔散热。7 月至 8 月 10 日之间接种时，25～30 天即可形成原基，32～38 天即可出菇。

2. 出菇管理

菌床原基出现后可适当多次浇水，保持栽培料的湿度达 70%～75%，空气相对湿度达 90%～95%。菌床温度高于 28℃，或气温高于 30℃时宜在早晚浇水降温。

3. 越冬管理

7 月至 8 月 10 日之间接种，当年可出菇 1～2 潮；8 月 10 日后接种，当年不能出菇，菌丝可吃料 30%～100%。封冻前按照不同时期正常管理，保持菌床湿度在 65%～70%范围。封冻时在菌床上浇大水，形成冰冻床面，翌年 5 月中下旬，在床面浇透水，进行正常管理，当温度达到 12℃以上可陆续出菇。

（四）采收

当菌盖内卷、未开伞，菇体在六七成熟时为最佳采收时期，做到适时采收。采收时用拇指、食指、中指捏住菇柄基部轻轻旋转摘下，同时注意不要伤及周边幼菇。采收后随手整平畦面覆土，并铺好畦面稻草。

（五）病虫害防治

1. 防治原则

采用预防为主、综合防治的方针，优先采用农业防治、物理防治、生物防治，必须使用化学防治时，农药使用应符合相关要求。

2. 防治方法

若发现鬼伞、盘菌、粪生蛋巢菌、木霉菌等杂菌，应及时剔除或撒施石灰覆盖；发现蚁巢要及时撒施 0.1%氟虫氰粉剂，遇螨类、跳虫和菇蚊等害虫宜在菌床周围放上蘸有 0.5%的敌敌畏棉球进行驱避。

五、效益分析

1. 成本

林下大球盖菇种植菌种每亩（667 平方米）需要用 1200 袋，按照每袋 4 元计算，菌种成本是 4800 元；按照栽培料 1000 元计算，种植及人工费用 1500 元，收货运输等费用 400 元计算，总计 7700 元。

2. 产量及产值

生产大球盖菇每亩按照 1600 千克产量计算，售价在 16 元/千克，每亩林地产生毛收入 25600 元。

3. 经济效益

　　　　每亩地种植大球盖菇产生净收益＝毛收入－成本投入

　　所以，一亩地林下种植大球盖菇能够收入纯收益在 17900 元左右（供参考）。

六、风险规避

　　（1）建堆体积要适宜。体积过大，虽然保温保湿效果好，升温快，但边缘料不能充分发酵；料堆体积过小，则不易升温，腐熟效果较差。

　　（2）料温达到 55～60℃以上维持 24 小时左右翻堆，以杀死有害的霉菌、细菌、害虫的卵和蚊虫等。

　　（3）翻堆要均匀，在发酵过程中，堆内温度分布规律是：表层受外界影响温度波动大，偏低，这层很薄；中部很厚的一层温度很高，发酵进度快；下部透气不良，温度低，发酵差。因此，在翻堆时一定要做到上下内外均匀。

　　（4）播种前发现堆料水分损失严重时，可用 pH 值为 7～8 的石灰水加以调节，一定不要添加生水，以免滋生杂菌，导致播种后培养料发黏、发臭。

　　（5）冬天过冷可用塑料薄膜覆盖，要定期掀动或者在薄膜上打通气孔，以补充新鲜空气、防止厌氧发酵。

知识点 2　大球盖菇暖棚栽培

一、栽培时间和数量

　　利用设施大棚栽培大球盖菇。与露地栽培和林下栽培相比，其最大的优点在于，暖棚栽培不受季节限制，所需生长因素便于调控，可利用现有蔬菜大棚等转产栽培或倒潮栽培。该模式可实现反季栽培大球盖菇，冬季至早春大量出菇，元旦、春节期间上市，经济效益显著。一般秋季 10 月到第二年 2 月接种，采用玉米秸秆、稻壳等农业废弃物为原料。以播种一亩地大球盖菇为例：播种量 0.6 千克/平方米，需要农作物秸秆 5000～6000 千克，播种后 50～55 天开始出菇，产鲜菇 2500～3500 千克（图 15-6）。

图 15-6　大球盖菇暖棚栽培模式

二、资源条件

温室结构标准能够达到越冬生产条件，最低温度5℃。温室内部具有喷水、保温等辅助设施装置。

三、投资金额

冬暖大棚栽培或保护地栽培是目前较好的栽培方式，便于控制温湿度，适宜出菇的时间较长，产量高、经济效益好，产量明显高于林下栽培产量，经济效益是林下种植的1.28倍（未计大棚建设的投入费用）。这是由于林地播种后发菌期温度低、发菌慢、出菇晚，出菇后期气温高影响其产量及质量。大棚内播种后棚内温度高、发菌快、出菇早、出菇期长，因而产量高。但前期投入成本较大，例如一次性投资建设冬暖大棚的投入，建设标准的钢管日光温室1亩大棚需要资金6万元左右。此外，管理期长，人工、水电等投入均高于林地，一般成本在8000～8500元。

四、技术要点

选用适于当地栽培、发菌出菇及转潮快、抗逆性强、优质、高产、商品性好的菌种。

（一）栽培料的选择、配方及前处理

1. 栽培料的选择

（1）栽培原料　大球盖菇宜利用的栽培原料有玉米秸秆、玉米芯、豆秸、木屑、稻壳，栽培原料应符合相关标准的要求。

（2）覆土材料　应使用天然的未受污染的草炭土、林地腐殖土或农田耕作层15厘米之内的壤土。不应使用砂质土和黏土。

（3）生产用水　栽培料配制用水和出菇管理用水应符合相关标准的要求。

2. 栽培料配方

同"大球盖菇林下栽培料配方"。

3. 栽培料前处理

栽培料用量为6000～7000千克/亩。对秸秆进行晾晒2～3天。秸秆粉碎5厘米左右，玉米芯粉碎2～3毫米，全部栽培料按配方比例混匀；在接种前一天浇透水，保持12～24小时后，即可接种。接种时栽培料的含水量以在70%～75%为宜。

（二）作畦与接种

1. 作畦

畦床宽90～100厘米，垂直或平行于温室方向建床均可。将地面平整后直

接铺栽培料，采用三层料、两层菌种的方式，即一、三、五层为栽培料，二、四层为菌种，栽培料每层厚8～10厘米。

2. 接种时间与接种量

秋季10月到第二年2月接种，接种量为400～500千克/亩。

3. 接种方法

菌种掰成直径3～5厘米菌块，行距株距均为8～10厘米。最后覆土2～3厘米。

（三）田间管理

1. 光照管理

温室内挂遮阳网遮光，发菌期和出菇期保持透光率在30%～40%。

2. 温度管理

（1）发菌期 温室内温度应为10～28℃；外界温度低于10℃时，宜晚揭早盖防寒被。

（2）出菇期 温室内温度应为12～25℃；外界温度低于10℃时，宜晚揭早盖防寒被；温室内温度超过30℃时，宜采取通风降温措施。

3. 湿度管理

（1）发菌期 接种后10天左右，覆盖2～3厘米厚稻草；发菌期间尽量少浇水，保持栽培料的湿度达65%～70%。若畦面稻草过干，床内菌丝吃料达1/3～1/2时，宜适当地往稻草上喷水，每次喷水8～10分钟；接种后50～70天即可出菇。

（2）出菇期 待原基出现后，每天早晚适当喷水，栽培料的湿度应为70%～75%，温室内空气相对湿度应为90%～95%。

（四）采收

菌盖内卷，未开伞，菇体在六七成熟时为最佳采收时期。采收时用拇指、食指、中指捏住菇柄基部轻轻旋转摘下，不宜伤及周边幼菇。采收后随手整平畦面覆土，并铺好畦面稻草。

（五）病虫害防治

1. 防治原则

采用预防为主、综合防治的方针，优先采用农业防治、物理防治、生物防治，必须使用化学防治时，农药使用应符合相关标准的要求。

2. 病害防治

播种前，封闭温室，进行土壤高温消毒；在发菌和出菇管理中，若发现杂菌，应及时剔除，宜撒施石灰覆盖或喷施二氯异氰尿酸钠消毒粉。

3. 虫害防治

应利用棚膜、防虫网阻隔害虫侵入；出菇期间，菌床宜插黄色黏虫板诱杀害虫；宜在菌床周围放上蘸有 0.5% 敌敌畏的棉球进行驱避害虫。

五、效益分析

1. 成本

除去冬暖大棚的建设成本外，暖棚种植大球盖菇所需菌种约 440 千克，每千克菌种成本约 8 元，总共约 3500 元。培养料包括玉米芯 3 吨、稻壳 2 吨、木屑 1 吨、牛粪 5 方、石灰 100 千克，也可选择以农作物秸秆为主的培养料配方，培养料成本约 2500 元。此外，因管理期长，人工、燃料、水电等投入均高于林地，一般总成本在 8000～8500 元。

2. 产量及产值

一般每间一亩大小的冬暖大棚栽培大球盖菇约产鲜菇可达到 2500 千克左右。近几年在我国东北地区，大球盖菇的零售价格日趋稳定，常年价位保持在 14～24 元/千克；冬季反季节栽培的品相较好的大球盖菇，价位一般也可达到 40 元/千克。我们按照近两年每千克中等质量平均收购价 20 元计算，每间冬暖大棚栽培大球盖菇的产值可达 50000 元左右。

3. 经济效益

利用冬暖大棚栽培大球盖菇具有生长条件控制便利、出菇齐、质量好等明显优势。一般每间一亩大小的冬暖大棚栽培大球盖菇产生的毛利润约在 50000 元，扣除 8000～8500 元的菌种、培养原料、水电、人工等必要成本支出外，可给农户实现 42000 元左右的纯利润。此外，利用农作物秸秆作为栽培大球盖菇的基本原料，既降低生产成本，又可解决秸秆利用难的问题，可实现较好的社会效益与经济效益。

注：种植大球盖菇产生净收益＝毛收入－成本投入，供参考。成本投入不考虑冬暖大棚建设。

❓ 常见问题与解答

（1）大球盖菇菌种生产过程慢，生产中要留出足够的菌种生产时间，以免耽误栽培季节。

（2）大球盖菇栽培中不需要加入米糠、麸皮等添加料，也不能加入粪肥。加入后反而生长不好。

（3）大球盖菇菌丝生长期需要充足的氧气供应，忌通风不良。

（4）大球盖菇在菌丝生长和出菇时，严禁使用各种农药，对菊酯类药物特别敏感。如果误用，将导致栽培失败。

 实用表单

大球盖菇生产记录表

生产日期： 年 月 日

	类别	名称	数量
备料	主料		
	辅料		
	化学添加剂		
	覆土材料		
			负责人：
基质配料	培养料预处理：		
	水：含水量：		
			负责人：
作畦	畦床规格：		
			负责人：

	栽培品种		播种方法	
播种	播种时间		播种数量	
				负责人：

	温度	昼夜温差	湿度	光照
培养				
				负责人：

栽培表同项目10"食用菌栽培记录表"。

[1] 边银丙 . 食用菌栽培学[M]. 北京：高等教育出版社，2017.

[2] 牛贞福，张凤芸 . 食用菌生产技术[M]. 北京：机械工业出版社，2016.

[3] 陈俏彪 . 食用菌生产技术[M]. 北京：中国农业出版社，2019.

[4] 伦志明 . 食用菌优质生产实用技术[M]. 哈尔滨：哈尔滨工业大学出版社，2010.